计算机软件开发测试与应用研究

郑茵　孙宇彤　王珂　著

延邊大學出版社

图书在版编目（CIP）数据

计算机软件开发测试与应用研究 / 郑茵，孙宇彤，王珂著. -- 延吉 ：延边大学出版社，2023.7

ISBN 978-7-230-05208-5

Ⅰ. ①计… Ⅱ. ①郑… ②孙… ③王… Ⅲ. ①软件开发－程序测试－研究 Ⅳ. ①TP311.55

中国国家版本馆 CIP 数据核字(2023)第 133292 号

计算机软件开发测试与应用研究

著　　者：郑　茵　孙宇彤　王　珂
责任编辑：胡巍洋
封面设计：文合文化
出版发行：延边大学出版社
社　　址：吉林省延吉市公园路 977 号　　邮　　编：133002
网　　址：http://www.ydcbs.com
E-mail：ydcbs@ydcbs.com
电　　话：0433-2732435　　传　　真：0433-2732434
发行电话：0433-2733056
印　　刷：廊坊市广阳区九洲印刷厂
开　　本：787 mm×1092 mm　1/16
印　　张：15　　字　　数：274 千字
版　　次：2023 年 7 月 第 1 版
印　　次：2023 年 9 月 第 1 次印刷
ISBN 978-7-230-05208-5

定　　价：78.00 元

前　言

随着信息技术的日益发展，作为信息技术的核心技术——计算机技术，在人们的日常生活和国民经济中的地位越来越重要。掌握计算机基础知识，具有计算机应用能力是信息化时代对人才的基本要求。要提高计算机的应用能力，就必须对计算机的软件技术有着一定的掌握。

相对于应用软件而言，计算机仅仅是作为一种辅助工具，计算机之所以能够帮助人们有效地解决这类问题，促进社会迅猛发展，最重要的就是计算机内的软件应用，可见，软件的开发极为重要。随着国家经济体系的不断改革，各行各业已经逐步面向现代化发展，互联网的普及无疑为人们的发展奠定了结实的基础，也给应用软件的进一步研究与开发提供了强有力的保障。当下，计算机软件的应用已经在人们的生活中得到普及，而人们的日常生活也已经离不开网络的支持。计算机软件的应用不断丰富人们的日常生活，使人们更加重视自我精神培养，此外，计算机网络也在不断推动着人们前进。

在开发计算机软件时，对其进行需求分析是首要环节，亦是最重要的环节之一。软件开发需求分析的质量，会直接对应用软件开发造成影响，一般情况下，研究人员要根据软件需求内容，对软件的概要进行设计，并且结合软件的功能需求情况设计出软件程序流程图，若是利用类似 C 语言等的高级语言实施程序编写，还应当根据软件模块设计各模块的应用功能。概要设计为软件的开发提供了程序框架，后续的开发工作都是在这个框架基础上进行操作，可见这个框架不但能够决定计算机软件程序功能，而且还能对软件运行的效率产生一定的影响。在基于软件程序具体的开发过程中，想要实现其特定功能，可选择多个语句或者逻辑关系等来实现，但不同的逻辑关系与语句也会对软件产生不同程度的影响。

随着人们对软件功能需求的不断增多，软件开发也变得越来越复杂，如何编写简洁而不会存在漏洞的应用程序，已经成为广大软件开发人员的最终目标。因此，在实际研究开发过程中，研究人员要十分重视概要设计环节的工作，保持思路清晰，设计完程序流程图之后要进行全方位的审核，不断简化软件的逻辑关系，最终实现科学合理的软件逻辑关系。

由于笔者水平有限，本书难免存在不妥之处，敬请广大学界同人与读者批评指正。

目　　录

第一章　软件工程概论

21 世纪是高度依赖计算机信息系统的时代，面对大量的计算机应用需求，怎样才能更有效地开发出各种不同类型的软件，是软件开发技术与软件工程所要解决的问题。软件工程是应用计算机科学、管理学、数学、项目管理、质量管理、软件人类工程学及系统工程的原则、方法来创建的学科，它对指导软件开发、质量控制和开发过程的管理起着重要的作用。本章将概括地介绍软件及软件危机，软件工程的相关基础知识，使读者对软件工程与软件开发技术有所认识。

第一节　软件及软件危机

随着计算机应用领域的扩大，软件规模也越来越大，复杂程度不断提高，使得软件生产的质量、周期、成本越来越难以预测和控制，从而出现了软件危机。软件工程正是为了解决软件危机而被提出的，其目的是改善软件生产的质量，提高软件的生产效率。经过几十年的实践与探索，软件工程正在逐步发展成为一门成熟的专业学科，在软件产业的发展中起到重要的技术保障和促进作用。

一、软件及其特性

软件是计算机系统的思维中枢，是软件产业的核心。作为信息技术的灵魂——计算机软件，在现代社会中起着极其重要的作用。

（一）软件

计算机软件是由计算机程序的发展而形成的一个概念。它是与计算机系统操作有关的程序、规程、规则及其文档和数据的统称。软件由两部分组成：一是机器可执行的程序和有关的数据；二是与软件开发、运行、维护、使用和培训有关的文档。

程序是按事先设计的功能和性能要求执行的语句序列。数据是程序所处理信息的数据结构。文档则是与程序开发、维护和使用相关的各种图文资料，如各种规格说明书、设计说明书、用户手册等。在文档中记录着软件开发的活动和阶段成果。

（二）软件的特点

软件是一种逻辑产品，不是实物产品，软件功能的发挥依赖于硬件和软件的运行环境，没有计算机硬件的支持，软件毫无实用价值。若要对软件有一个全面而正确的理解，应从软件的本质、软件的生产等方面剖析软件的特征。

1.软件固有的特性

（1）复杂性

软件是一个庞大的逻辑系统。一方面，在软件中要客观地体现人类社会的事务，反映业务流程的自然规律；另一方面，在软件中还要集成多种多样的功能，以满足用户在激烈的竞争中及时处理、传输、存储大量信息等的需求，这就使得软件变得十分复杂。

（2）抽象性

软件是人们经过大脑思维后加工出来的产品，一般存在于内存、磁盘、光盘、硬盘等载体上，人们无法观察到它的具体形态，这就导致了软件开发不仅工作量难以估计，进度难以控制，而且质量也难以把握。

（3）依赖性

软件必须和运行软件的机器（硬件）保持一致，软件的开发和运行往往受到计算机硬件的限制，对计算机系统有着不同程度的依赖性。软件与计算机硬件的这种密切相关性与依赖性，是一般产品所没有的特性。为了减少这种依赖性，在软件开发中提出了软件的可移植性问题。

2.软件使用特性

软件的价值在于应用。软件产品不会因多次反复使用而磨损老化，一款久经考验的优质软件，可以长期使用。由于用户在选择新机型时，通常会提出兼容性要求，所以一款成熟的软件可以在不同型号的计算机上运行。

3.软件生产特性

（1）软件开发特性

由于软件固有的特性，使得软件的开发不仅具有技术复杂性，还具有管理复杂性。技术复杂性体现在软件提供的功能比一般硬件产品提供的功能多，而且功能的实现具有多样性，需要在各种实现中做出选择，更有实现算法上的优化带来的不同，而实现上的差异会带来使用上的差别。管理上的复杂性表现在：第一，软件产品的能见度低（包括如何使用文档表示的概念能见度），要看到软件开发进度比看到有形产品的进度困难得多；第二，软件结构的合理性差，结构不合理使软件管理复杂性随软件规模的增大而呈指数增长。因此，领导一个庞大人员的项目组织进行规模化生产并非易事，软件开发比硬件开发更依赖于开发人员的团队精神、智力和对开发人员的组织与管理。

（2）软件产品形式的特性

软件产品的设计成本高昂而生产成本极低。硬件产品试制成功之后，批量生产需要建设生产线，投入大量的人力、物力和资金，生产过程中还要对产品进行质量控制，对每件产品进行严格的检验。然而，软件是把人的知识与技术转化为信息的逻辑产品，开发成功之后，只需对原版软件进行复制即可，大量人力、物力、资金的投入和质量控制、软件产品检验都是在软件开发中进行的。由于软件的复制非常容易，软件的知识产权保护就显得极为重要。

软件维护特性。软件在运行过程中的维护工作比硬件的复杂得多。首先，软件投入运行后，总会存在缺陷甚至暴露出潜伏的错误，需要进行“纠错性维护”；其次，用户可能要求完善软件性能，对软件产品进行修改，进行“完善性维护”。当支撑软件产品运行的硬件或环境改变时，也需要对软件产品进行修改，进行“适应性维护”。软件的缺陷或错误属于逻辑性的，因此不需要更换某种备件，而是修改程序，纠正逻辑缺陷，改正错误，提高性能，增加适应性。当软件产品规模庞大、内部的逻辑关系复杂时，经常会发生纠正一个错误而产生新的错误的情况，因此软件产品的维护要比硬件产品的维护工作量大而且复杂。

二、软件危机

20 世纪六七十年代，软件规模的扩大、功能的增强和复杂性的提高，使得在一定时间内仅依靠少数人开发一个软件变得越来越困难。在软件开发中经常会出现时间延迟、预算超支、质量得不到保证、移植性差等问题，甚至有的项目在耗费了大量人力、财力后，由于离目标相差甚远而宣布失败。这种情况使人们认识到“软件危机”的存在。

（一）软件危机的突出表现

1.软件的生产率低

软件生产率的提高速度远远跟不上计算机应用迅速普及和深入的趋势。落后的生产方式与开发人员的缺乏，使得软件产品的供需差距不断扩大。由于缺乏系统有效的方法，现有的开发知识、经验和相关数据难以积累与复用。另外，低水平的重复开发过程浪费了大量的人力、物力、财力和时间。人们为不能充分发挥计算机硬件提供的巨大潜力而苦恼。

2.软件产品常常与用户要求不一致

开发人员与用户之间的信息交流往往存在障碍，除了知识背景的差异，缺少合适的交流方法及需求描述工具也是一个重要原因。这使得获取的需求经常存在遗漏，甚至是错误。由于开发人员对用户需求的理解与用户的本意有所差异，以致开发中后期需求与现实之间的矛盾集中暴露。

3.软件规模的增长，带来了复杂度的增加

由于缺乏有效的软件开发方法和工具的支持，过分依靠程序设计人员在软件开发过程中的技巧和创造性，所以软件的可靠性往往随着软件规模的增长而下降，质量保障越来越困难。

4.不可维护性突出

软件的局限性和欠灵活性，不仅使错误非常难改正，而且不能适应新的硬件环境，也很难根据需要增加一些新的功能。整个软件维护过程除了程序之外，没有适当的文档资料可供参考。

5.软件文档不完整、不一致

软件文档是计算机软件的重要组成部分，在开发过程中，管理人员需要使用这些文档资料来管理软件项目；技术人员则需要利用文档资料进行信息交流；用户也需要通过文档来认识软件，对软件进行验收。但是，由于软件项目管理工作的不规范，软件文档往往不完整、不一致，这给软件的开发、交流、管理、维护等都带来了困难。

（二）产生软件危机的原因

软件危机是指计算机软件的开发和维护过程中所遇到的一系列严重问题。这些问题不仅局限于那些“不能正确完成功能”的软件，还包括那些如何开发软件，如何维护大量已有软件，如何使软件开发速度与对软件需求增长相适应等问题。产生软件危机的原因主要有以下几点：

1.软件独有的特点给开发和维护带来困难

由于软件的抽象性、复杂性与不可预见性，使得软件在运行之前，开发过程的进展情况较难衡量，软件的错误发现较晚，软件的质量也较难评价。因此，管理和控制软件开发过程相当困难。此外，软件错误具有隐蔽性，往往在很长时间里软件仍可能需要改错。这在客观上使得软件维护较为困难。

2.软件人员的错误认识

相当多的软件专业人员对软件开发和维护还有不少的错误观念。例如，软件开发就是编写程序，忽视软件需求分析的重要性，轻视文档的作用，轻视软件维护等。这些错误认识加重了软件危机的影响。

3.软件开发工具自动化程度低

尽管软件开发工具比 30 年前已经有了很大的进步，但直到今天，软件开发仍然离不开工程人员的个人创造与手工操作，软件生产仍不可能像硬件设备的生产那样，达到高度自动化。这样不仅浪费了大量的财力、物力和宝贵的人力资源，无法避免低水平的重复性劳动，而且软件的质量也难以保证。此外，软件生产工程化管理程度低，致使软件项目管理混乱，难以保障软件项目成本和开发进度按计划执行。

第二节　软件工程概述

为了克服“软件危机”，1968 年在北大西洋公约组织（North Atlantic Treaty Organization，NATO）召开的计算机科学会议上，Fritz Bauer 首先提出“软件工程”的概念，试图用工程的方法和管理手段，将软件开发纳入工程化的轨道，以便开发出成本低、功能强、可靠性高的软件产品。几十年来，人们一直在努力探索克服软件危机的途径。

一、软件工程的形成与发展

自 1968 年 NATO 会议上提出软件工程这一概念以来，人们一直在寻求更先进的软件开发的方法与技术。当出现一种先进的方法与技术时，软件危机就会得到一定程度的缓解。然而，这种进步又促使人们把更多、更复杂的问题交给计算机去解决，于是又需要探索更先进的方法与技术。几十年来，软件工程研究的范围和内容也随着软件技术的发展不断变化和拓展。软件工程的发展经历了以下 3 个阶段：

第一阶段：20 世纪 70 年代，为了解决软件项目失败率高、错误率高以及软件维护任务重等问题，人们提出软件生产工程化的思想，希望使软件生产走上正规化的道路，并努力克服软件危机。人们发现将传统工程学的原理、技术和方法应用于软件开发，可以起到使软件生产规范化的作用。它有利于组织软件生产，提高开发质量，降低成本和控制进度。随后，人们又提出软件生命周期的概念，将软件开发过程划分为不同阶段（需求分析、概要与详细设计、编程、测试、维护等），以适应更加复杂的应用。人们还将计算机科学和数学用于构造模型与算法上，围绕软件项目开展了有关开发模型、方法以及支持工具的研究，并提出了多种开发模型、方法与多种软件开发工具（编辑、编译、跟踪、排错、源程序分析、反汇编、反编译等），并围绕项目管理提出了费用估算、文档评审等一些管理方法和工具，基本形成了软件工程的概念、框架、方法和手段，形成了软件工程的第一代——传统软件工程时代。

第二阶段：20 世纪 80 年代，面向对象的方法与技术受到了广泛的重视，Smalltalk-80 的出现标志着面向对象的程序设计进入实用和成熟阶段。20 世纪 80 年代末逐步发展起来的面向对象的分析与设计方法，形成了完整的面向对象技术体系，使系统的生命周期更长，能适应更大规模、更广泛的应用。这时，进一步提高软件生产率、保证软件质量就成为软件工程追求的更高目标。软件生产开始进入以过程为中心的第二阶段。这个时期人们认识到，可以应从软件生命周期的总费用及总价值来决定软件开发方案。在重视发展软件开发技术的同时，人们提出软件能力成熟度模型、个体软件过程、群组软件过程等概念。在软件定量研究方面提出了软件工作量估计 COCOMO 模型等。软件开发过程从目标管理转向过程管理，形成了软件工程的第二代——过程软件工程时代。

第三阶段：进入 20 世纪 90 年代以后，软件开发技术的主要处理对象为网络计算和支持多媒体信息的 WWW。为了适合超企业规模、资源共享、群组协同工作的需要，企业需要开发大量的分布式处理系统。这一时期软件开发的目的不仅是提高个人生产率，而且通过支持跨地区、跨部门、跨时空的群组共享信息，协同工作来提高群组、集团的整体生产效率。因整体性软件系统难以更改、难以适应变化，所以提倡基于构件的开发方法——部件互连集成。同时，人们认识到计算机软件开发领域的特殊性，不仅要重视软件开发方法和技术的研究，更要重视总结和发展包括软件体系结构、软件设计模式、互操作性、标准化、协议等领域的复用经验。软件复用和软件构件技术正逐步成为主流软件技术，软件工程也由此进入了新的发展阶段——构件软件工程时代。

二、软件工程的基本概念

软件工程这一概念已提出 40 多年，对软件工程的理解是不断深入的。作为一门新兴的交叉性学科，它所研究的对象、适用范围和所包含的内容都在不断发展和变化。

（一）软件工程的定义

在 NATO 会议上，软件工程被定义为“为了经济地获得可靠的和能在实际机器上高效运行的软件，而建立和使用的健全的工程原则。”这个定义虽然没有提到软件质量的技术层面，也没有直接谈到用户满意程度或要求按时交付产品等问题，但人们已经认识到借鉴和吸收对各种工程项目开发的经验，对软件的开发无疑是有益的。

软件工程是指导计算机软件开发和维护的工程学科。它强调按照软件产品的生产特性，采用工程的概念、原理、技术和方法来开发与维护软件，把经过时间考验而证明正确的管理技术和当前最好的技术结合起来，以便经济地开发出高质量的软件并有效地维护它。

由于引入了软件工程的思想，把其他工程技术研究和开发领域中行之有效的知识和方法运用到软件开发工作中来，人们提出了按工程化的原则和方法组织软件开发工作的解决思路和具体方法，在一定程度上缓解了“软件危机”。

（二）软件工程的目标

软件工程的目标是基于软件项目目标的成功实现而提出的，主要体现在以下几个方面：

①软件开发成本较低。

②软件功能能够满足用户的需求。

③软件性能较高。

④软件可靠性高。

⑤软件易于使用、维护和移植。

⑥能按时完成开发任务，并及时交付使用。

在实际开发中，企图让以上几个质量目标同时达到理想的程度往往是不现实的：有些目标之间是相互补充的，如易于维护和高可靠性之间、低开发成本与按时交付之间；有些目标是彼此相互冲突的，如若只考虑降低开发成本，很可能同时也降低了软件的可靠性，如果一味追求提高软件的性能，可能造成开发出的软件对硬件的依赖性较强，从而影响到软件的可移植性；不同的应用对软件质量的要求不同，如对实时系统来说，其可靠性和效率比较重要；对生命周期较长的软件来说，其可移植性、可维护性比较重要。

软件工程的首要问题是软件质量。软件工程的目的就是在以上目标的冲突之间取得一定程度的平衡。因此，在涉及平衡软件工程目标这个问题的时候，应该将软件质量摆在最重要的位置加以考虑。软件质量可用功能性、可靠性、可用性、效率、可维护性和可移植性等特性来评价。功能性是指软件所实现的功能能够达到它的设计规范和满足用户需求的程度；可靠性是指在规定的时间和条件下，软件能够正常维持其工作的能力；可用性是指帮助使用者完成预期目标的能力；效率是指在规定的条件下用软件实现某种功能所需要的计算机资源的有效性；可维护性是指当环境改变或软件运行发生故障时，为了使其恢复正常运行所做努力的程度；可移植性是指软件从某一环境转移到另一环境时所做努力的程度。在不同类型的应用系统中对软件的质量要求是不同的。

（三）软件工程知识体系及知识域

软件工程作为一门学科，在取得对其核心的知识体系的共识方面已经达到了一个重要的里程碑。2005年9月，ISO/IEC JTC1/SC7正式发布为国际标准，即ISO/IEC 19759—2005《软件工程知识体系指南》（SWEBOK）。SWEBOK将软件工程知识体系划分为10个知识域，分为两类过程。一类是开发与维护过程，包括软件需求、软件设计、软件构造、软件测试和软件维护；另一类是支持过程，包括软件配置管理、软件工程管理、软件工程过程、软件工程工具与方法、软件质量。每个知识域还可进一步分解为若干个论题，在论题描述中引用有关知识的参考文献，形成一个多级层次结构，以此确定软件工程知识体系的内容和边界。有关知识的参考文献涉及学科包括计算机工程、计算机科学、管理学、数学、项目管理、质量管理、软件人类工程学、系统工程等。

软件工程知识体系中涉及的主要技术要素包括软件开发方法、软件开发工具和软件过程。

1.软件开发方法

软件开发方法是在工作步骤、软件描述的文件格式、软件的评价标准等方面做出规定。它主要解决什么时候做什么，以及怎样做的问题，是软件工程最核心的研究内容。实践表明，在开发的早期阶段多做努力，就会使后来的测试和维护阶段缩短，从而使费用大大缩减，因此，针对分析和设计阶段的软件开发方法特别受到重视。目前，人们提出了结构化方法、面向数据结构方法、原型化方法、面向对象的方法、形式化方法等多种实用有效的软件开发方法，利用这些方法确实也开发出不少成功的系统，但各种开发方法具有一定的适用范围，所以选择正确的开发方法是非常重要的。

针对软件开发方法的评价，一般通过以下4个方面来进行：

技术特征：支持各种技术概念的方法特征，如层次性、抽象性（包括数据抽象和过程抽象）、并行性、安全性、正确性等。

使用特征：具体开发时的有关特征，如易理解性、易转移性、易复用性、工具的支持、使用的广度、活动过渡的可行性、易修改性、对正确性的支持等。

管理特征：对软件开发活动管理的能力方面的特征，如易管理性、支持协同工作的程度、中间阶段的确定、工作产物、配置管理、阶段结束准则和代价等。

经济特征：对软件机构产生的质量和生产力方面的可见效益，如分析活动的局部效益、整个生命周期效益、获得该开发方法的代价、使用它和管理它的代价等。

下面重点介绍一些常用的软件开发方法。

（1）结构化方法

结构化方法是传统的基于软件生命周期的软件工程方法，自20世纪70年代产生以来，获得了极有成效的软件项目应用。结构化方法是以软件功能为目标来进行软件构建的，包括结构化分析、结构化设计、结构化实现、结构化维护等内容。这种方法主要通过数据流模型来描述软件的数据加工过程，并可以通过数据流模型，由对软件的分析过渡到对软件的结构设计。

（2）JSD（Jackson System Development）方法

JSD方法主要用在软件设计上，1983年由法国学者Jackson提出。它以软件中的数据结构为基本依据来进行软件结构与程序算法设计，是对结构化软件设计方法的有效补充。在以数据处理为主要内容的软件系统开发中，JSD方法具有比较突出的设计建模优势。

（3）面向对象方法

面向对象方法是从现实世界中客观存在的事物出发来构造软件，包括面向对象分析、面向对象设计、面向对象实现、面向对象维护等内容。一个软件是为了解决某些问题，这些问题所涉及的业务范围被称作该软件的问题域。面向对象强调以问题域中的事物为中心来思考问题、认识问题，并根据这些事物的本质特征，把它抽象地表示为系统中的对象，作为系统的基本构成单位。确定问题域中的对象成分及其关系，建立软件系统对象模型，是面向对象分析与设计过程中的核心内容。自20世纪80年代以来，人们提出了许多有关面向对象的方法，其中，由Booch、Rumbaugh、Jacobson等人提出的一系列面向对象方法成为了主流方法，并被结合为统一建模语言（Unified Modeling Language，UML），成为面向对象方法中的公认标准。

2.软件开发工具

软件开发工具是指用来辅助软件开发、维护和管理的软件。现代软件工程方法得以实施的重要保证是软件开发工具和环境。软件开发工具使软件在开发效率、工程质量、降低对人的依赖性等多方面得到改善。软件开发工具与软件开发方法有着密切的关系，软件开发工具是软件方法在计算机上的具体实现。

软件开发环境是方法与工具的结合，以及配套软件的有机组合。该环境旨在通过环境信息库和消息通信机制实现工具的集成，从而为软件生命周期中某些过程的自动化提供更有效的支持。集成机制主要实现工具的集成，使之能够系统、有效地支持软件开发。

3.软件过程

尽管有软件开发工具与工程化方法，但这并不能使软件产品生产完全自动化，它们还需要合适的软件过程才能真正发挥作用。软件过程是指生产满足需求且达到工程目标的软件产品所涉及的一系列相关活动，它覆盖了需求分析、系统设计、实施，以及支持维护等各个阶段。这一系列活动就是软件开发中开发机构需要制订的工作步骤。

软件过程有各种分类方法。按性质划分软件过程可概括为基本过程、支持过程和组织过程；按特征可划分为管理过程、开发过程与综合过程；按人员的工作内容可划分为获取过程、供应过程、开发过程、运作过程、维护过程、管理过程与支持过程。软件过程研究的对象涉及从事软件活动的所有人。提高软件的生产率和质量，其关键在于管理和支持能力。所以，软件过程特别重视管理活动和支持活动。

第三节　软件工程的基本原则

为了保证在软件项目中能够有效地贯彻与正确地使用软件工程规程，需要有一定的原则来对软件项目加以约束。经过长期的实践，著名软件工程专家巴利·玻姆（Barry W.Boehm）提出了以下 7 条软件工程的基本原则。

一、采用分阶段的生命周期计划，以实现对项目的严格管理

软件项目的开展，需要计划在先，实施在后。统计资料表明，有 50%以上的失败项目是由于计划不周而造成的。在软件开发与维护的漫长生命周期中，需要完成许多性质各异的工作，这意味着，应该把软件生命周期划分为若干个阶段，并相应地制订出切实可行的计划，然后严格按照计划对软件的开发与维护进行管理。

二、坚持进行阶段评审，以确保软件产品质量

软件的质量保证工作贯穿软件开发的各个阶段。实践表明，软件的大部分错误是编程之前造成的。根据玻姆的统计，设计错误占软件错误的63%，编码错误仅占37%。软件中的错误发现与纠正得越晚，所需要付出的代价就越高。因此，在每个阶段都要进行严格的评审，尽早地发现软件中的错误，通过对软件质量实施过程监控，确保软件在每个阶段都能够具有较高的质量。

三、实行严格的产品控制，以适应软件规格的变更

在软件开发过程中不应随意改变需求，因为改变一项需求需要付出较高的代价。但在软件开发过程中改变需求又是难免的，只能依靠科学的产品控制技术来顺应这种要求。也就是说，当改变需求时，为了保持软件各个配置成分的一致性，必须实现严格的产品控制，其中主要是实行基准配置管理。所谓基准配置是指经过阶段评审或软件配置成分（各个阶段产生的文档或程序代码）。基准配置管理也称为变动控制，是指一切有关修改软件的建议，特别是涉及对基准配置的修改建议，都必须按照严格的规程进行评审，获得批准以后，才能实施修改，绝对不能随意修改软件。实行严格的产品控制，对软件的规格进行跟踪记录，使软件产品的各项配置成分保持一致性，由此来适应软件的需求变更。

四、采用现代程序设计技术

采用先进的软件开发和维护技术，不仅能够提高软件开发和维护效率，而且可以提高软件产品的质量，降低开发成本，缩短开发时间，增加软件的使用寿命。例如，构件架构系统的特点是通过创建比“类”更加抽象、更具有通用性的基本构件，以使软件开发如同可插入的零件一样装配，这样的软件不仅开发容易，维护方便，而且可以根据用户的特定需求方便地进行改装。

五、软件成果能清楚地审查

软件成果是指软件开发各个阶段产生的一系列文档、代码、资源数据等，是对软件开发给出评价的基本依据。由于软件产品的生产过程可见性差，没有明显的生产过程，工作进展难以准确度量和控制，从而使软件产品的开发过程比其他产品的开发过程更难于评价和管理。为了提高软件开发过程的可见性，更好地进行管理，就要根据软件开发项目的总目标及完成期限，规定开发组织的责任和产品标准，从而使所得到的结果能够清楚地审查。

六、开发小组人员应该少而精

开发小组人员的素质和数量是影响软件产品质量和开发效率的重要因素。高素质人员的开发效率和产品质量是低素质人员的几倍甚至几十倍。此外，随着开发小组人员数目的增加，因为交流讨论而造成的通信开销也会急剧增加。如果小组中有 N 个成员，可能的通信路径就有 N(N-1)/2 条，这势必影响人员之间的相互协作与工作质量。因此，组成少而精的开发小组非常重要。

七、承认不断改进软件工程实践的必要性

在遵循上述 6 条基本原理的基础上，还应该注意不断改进软件工程实践的必要性。这说明软件工程在实际应用中，不仅要积极主动地采纳新的软件技术，而且要注意不断地总结经验。例如，收集进度和资源消耗数据，收集软件出错类型和问题报告数据等，这些数据不仅可以用来评价新的软件技术的效果，而且可以用来指明必须着重开发的软件工具和应该优先研究的技术。

第二章　软件开发基础

计算机专业人员的一项重要工作是开发软件，软件开发是根据用户要求，建造出软件系统或者系统中的软件部分的过程。软件开发是一项包括需求捕捉、需求分析、设计、实现和测试的系统工程。软件一般是用某种程序设计语言来实现的。通常采用软件开发工具可以对其进行开发。软件分为系统软件和应用软件，并不只是包括可以在计算机上运行的程序，与这些程序相关的文件一般也被认为是软件的一部分。软件设计思路和方法的一般过程，包括设计软件的功能和实现的算法和方法、软件的总体结构设计和模块设计、编程和调试、程序联调和测试，以及编写、提交程序。特别是中大规模软件的开发，以程序设计能力作为基础，以软件工程知识作为指导，以数据库知识作为支撑。

第一节　数据库

数据库技术是计算机科学技术中发展最快、应用最广泛的领域之一，它是计算机信息系统与应用程序的核心技术和重要基础。使用数据库能够科学有效地管理大量的数据，它在各个领域中发挥着重要作用。

一、数据库的相关概念

数据库（Database，DB）是长期存储在计算机内的、有组织的、可共享的相关数据集合。对大批量数据的存储和管理，数据库技术是非常有效的。数据库中的数据按一定的数据模型组织、描述和存储，具有较低的数据冗余度、较高的数据独立性，并且可以为多个用户共享。

（一）数据库管理系统

数据库管理系统（Database Management System，DBMS）是位于用户和操作系统之间的数据管理软件，主要实现数据定义、数据操纵、数据库的运行管理和数据库的维护等功能。

（二）数据库应用系统

数据库应用系统是以数据库为核心的，在数据库管理系统的支持下完成一定的数据存储和管理功能的应用软件系统，数据库应用系统也称为数据库系统（Database System，DBS）。

（三）数据管理技术

数据管理技术是指对数据进行分类、编码、存储、检索和维护，它是数据处理的中心问题。数据管理技术的发展大体上经历了 3 个阶段：人工管理阶段、文件系统阶段和数据库阶段。

人工管理阶段大致发生于计算机诞生的前十年，它主要用于科学计算，数据处理都是批处理，数据由应用程序管理，运算得到的结果也不保存，所用的存储设备也只有磁带、纸袋和卡片。

相对于人工管理，文件系统是一大进步。而数据库技术的出现，是数据管理技术发展的又一次跨越。与文件系统相比，数据库技术是面向系统的，而文件系统则是面向应用的。所以形成了数据库系统两个鲜明的特点：

（1）数据库系统的数据冗余度低，数据共享度高

由于数据库系统是从整体角度上看待和描述数据，所以数据库中同样的数据不会多次出现，从而降低了数据冗余度，减少了数据冗余带来的数据冲突和不一致性问题，也提高了数据的共享度。

（2）数据库系统的数据和程序之间具有较高的独立性

由于数据库系统提供了内模式和外模式之间的两级映像功能，使得数据具有高度的物理独立性和逻辑独立性。当数据的物理结构（内模式）发生变化或数据的全局逻辑结

构（外模式）改变时，它们对应的应用程序不需要改数据模型，它是数据特征的抽象，是对数据库如何组织的一种模型化表示。这两层映像机制保证了数据库系统中数据的逻辑独立性和物理独立性。

（四）数据模型

数据模型（Data Model）是数据特征的抽象，它是对数据库如何组织的一种模型化表示，是数据库系统的核心与基础。它具有数据结构、数据操作和数据约束三要素。从逻辑层次上看，常用的数据模型是层次模型、网状模型和关系模型，而目前使用最广泛的是关系模型。

二、数据库的发展

数据模型是数据库技术的核心和基础，因此，对数据库系统发展阶段的划分应该以数据模型的发展演变作为主要依据和标志。按照数据模型的发展演变过程，数据库技术从开始到如今短短的 30 年中，主要经历了 3 个发展阶段：第一代是层次和网状数据库系统，第二代是关系数据库系统，第三代是以面向对象数据模型为主要特征的数据库系统。数据库技术与网络通信技术、人工智能技术、面向对象程序设计技术、并行计算技术等相互渗透、有机结合，成为当代数据库技术发展的重要特征。

（一）第一代数据库系统

第一代数据库系统是 20 世纪 70 年代研制的层次和网状数据库系统。层次数据库系统的典型代表是 1969 年 IBM 公司研制出的层次模型的数据库管理系统 IMS。20 世纪 60 年代末、70 年代初，美国数据库系统语言协会 CODASYL（Conference on Data System Language）下属的数据库任务组 DBTG（Data Base Task Group）发布了若干报告，被称为 DBTG 报告。DBTG 报告确定并建立了网状数据库系统的许多概念、方法和技术，是网状数据库的典型代表。在 DBTG 思想和方法的指引下，数据库系统的实现技术不断成熟，出现了许多商品化的数据库系统，它们都是基于层次模型和网状模型的。

可以说，层次数据库是数据库系统的先驱，而网状数据库则是数据库概念、方法和技术的奠基者。

（二）第二代数据库系统

第二代数据库系统是关系数据库系统。1970年IBM公司的研究员埃德加·弗兰克·科德（Edgar F.Codd）发表了题为《大型共享数据库数据的关系模型》的论文，提出了关系数据模型，开创了关系数据库方法和关系数据库理论，为关系数据库技术奠定了理论基础。科德于1981年被授予ACM图灵奖，以表彰他在关系数据库研究方面的杰出贡献。

20世纪70年代是关系数据库理论研究和原型开发的时代，其中以IBM公司的San Jose研究实验室开发的System R和Berkeley大学研制的Ingres为典型代表。大量的理论成果和实践经验终于使关系数据库从实验室走向了社会。因此，人们把20世纪70年代称为“数据库时代”。

20世纪80年代，几乎所有新开发的系统均是关系型的，其中涌现出了许多性能优良的商品化关系数据库管理系统，如DB2、Ingres、Oracle、Informix、Sybase等。这些商用数据库系统的应用使数据库技术日益广泛地应用到企业管理、情报检索、辅助决策等方面，成为实现和优化信息系统的基本技术。

（三）第三代数据库系统

第三代数据库系统是以面向对象数据模型为主要特征的数据库系统。自20世纪80年代以来，数据库技术在商业上的巨大成功刺激了其他领域对数据库技术需求的迅速增长。这些新的领域为数据库应用开辟了新天地，并在应用中提出了一些新的数据管理的需求，推动了数据库技术的研究与发展。

1990年，高级DBMS功能委员会发表了《第三代数据库系统宣言》，提出了第三代数据库管理系统应具有的3个基本特征：首先应支持数据管理、对象管理和知识管理；其次必须保持或继承第二代数据库系统的技术；最后，必须对其他系统开放。

三、关系数据库

关系数据库，是指采用了关系模型来组织数据的数据库，其以行和列的形式存储数据，以便于用户理解。关系型数据库这一系列的行和列被称为表，一组表即组成了数据库。用户通过查询来检索数据库中的数据，而查询是一个用于限定数据库中某些区域的执行代码。关系模型可以简单理解为二维表格模型，而一个关系型数据库就是由二维表及其之间的关系组成的一个数据组织。

（一）关系数据库语言

关系数据库的标准语言是 SQL（Structrued Query Language，结构化查询语言），是一种数据库查询和程序设计语言，用于存取数据以及查询、更新和管理关系数据库系统。

SQL 语言是在 1974 年由 Boyce 和 Chamberlin 提出的，并首先在 IBM 公司研制的关系数据库系统 System R 上实现。由于它具有功能丰富、使用方便灵活、语言简洁易学等突出的优点，深受计算机工业界和计算机用户的欢迎。1980 年 10 月，经美国国家标准局（ANSI）的数据库委员会 X3H2 批准，将 SQL 作为关系数据库语言的美国标准，同年公布了标准 SQL，此后不久，国际标准化组织（ISO）也出台了同样的规定。

1986 年 10 月，美国国家标准局批准采用 SQL 作为关系数据库语言的美国标准，1987 年国际标准化组织将之采纳为国际标准。ANSI 并于 1989 年公布了 SQL-89 标准，后来又公布了新的标准 SQL-99 和 SQL3。目前所有主要的关系数据库管理系统都支持某种形式的 SQL，大部分都遵守 SQL-89 标准。

（二）SQL 语言的特点

SQL 的核心部分相当于关系代数，但又具有关系代数所没有的许多特点，如聚集、数据库更新等。它是一个综合的、通用的、功能极强的关系数据库语言。从功能上可以分为 3 部分：数据定义、数据操纵和数据控制。SQL 由于其功能强大，简洁易学，从而被程序员、数据库管理员和终端用户广泛使用。其主要特点如下：

1.一体化

SQL 集数据定义 DDL、数据操纵 DML 和数据控制 DCL 于一体，可以完成数据库中的全部工作。

2.灵活的使用方式

SQL 具有两种使用方式，统一的语法结构。一是联机交互使用，这种方式下的 SQL 实际上是作为自含式语言使用的；另一种方式是嵌入某种高级程序设计语言（如 C 语言等）中去使用。前一种方式适合于非计算机专业人员使用，后一种方式适合于专业计算机人员使用。尽管使用方式不同，但所用语言的语法结构基本上是一致的。

3.非过程化

SQL 属于第四代语言（Fourth-Generation Language，4GL），用户只需要提出“干什么”，无须具体指明“怎么干”，像存取路径选择和具体处理操作等均由系统自动完成。

4.语言简洁，易学易用

尽管 SQL 的功能很强，但语言十分简洁，在 ANSI 标准中，只包含了 94 个英文单词，核心功能只用 6 个动词，语法接近英语口语，所以用户很容易学习和使用。

四、常用数据库管理系统

数据库管理系统对数据库进行统一的管理和控制，以保证数据库的安全性和完整性。用户通过 DBMS 访问数据库中的数据，数据库管理员也通过 DBMS 进行数据库的维护工作。它可以支持多个应用程序和用户用不同的方法在同时或不同时刻去建立，修改和询问数据库。大部分 DBMS 提供数据定义语言 DDL（Data Definition Language）和数据操作语言 DML（Data Manipulation Language），供用户定义数据库的模式结构与权限约束，实现对数据的追加、删除等操作。

近年来，计算机科学技术不断发展，关系数据库管理系统也不断发展和进化，AB 公司（2009 年被 Oracle 公司收购）的 MySQL、Microsoft 公司的 Access 等是小型关系数据库管理系统的代表，Oracle 公司的 Oracle、Microsoft 公司的 SQL Server、IBM 公司的 DB2 等是功能强大的大型关系数据库管理系统的代表。中大规模的数据库应用系统需要系统能够存储大量的数据，要有良好的性能，要能保证系统和数据的安全性以及维护数据的完整性，要具有自动高效的加锁机制以支持多用户的并发操作，还要能够进行分布式处理等，而大型数据库管理系统能够很好地满足这些要求。

市场上比较流行的数据库管理系统产品主要是 Oracle、DB2、Sybase 系列、SQL Server 和 MySQL 等，下面进行简单介绍。

（一）Oracle 数据库

Oracle 数据库被认为是业界比较成功的关系型数据库管理系统。Oracle 的数据库产品被认为是运行稳定、功能齐全、性能超群的产品。对于数据量大、事务处理繁忙、安全性要求高的企业，Oracle 无疑是比较理想的选择。随着互联网的普及，Oracle 适时地将自己的产品紧密地和网络计算结合起来，成为在互联网应用领域中数据库厂商的佼佼者。

Oracle 数据库可以运行在 UNIX、Windows 等主流操作系统平台，完全支持所有的工业标准，并获得了最高级别的 ISO 标准安全性认证。Oracle 采用完全开放策略，可以使客户选择最适合的解决方案，同时对开发商提供全力支持。

（二）DB2

DB2 是 IBM 公司的产品，是一个多媒体、Web 关系型数据库管理系统，其功能足以满足大中型公司的需要，并可灵活地服务于中小型电子商务解决方案。1968 年 IBM 公司推出的 IMS（Information Management System）是层次数据库系统的典型代表，是第一个大型的商用数据库管理系统。1970 年，IBM 公司的研究员首次提出了数据库系统的关系模型，开创了数据库关系方法和关系数据理论的研究，为数据库技术奠定了基础。财富 100 强企业中的 100%和财富 500 强企业中的 80%都使用了 IBM 的 DB2 数据库产品。DB2 的另一个非常重要的优势在于基于 DB2 的成熟应用非常丰富。2001 年，IBM 公司兼并了世界排名第四的著名数据库公司 Informix，并将其所拥有的先进特性融入 DB2 中，使 DB2 系统的性能和功能有了进一步提高。

（三）Sybase 系列

Sybase 公司成立于 1984 年 11 月，产品研究和开发包括企业级数据库、数据复制和数据访问。Sybase ASE 是其主要的数据库产品，可以运行在 UNIX 和 Windows 平台。Sybase Warehouse Studio 在客户分析、市场划分和财务规划方面提供了专门的分析解决方案。Warehouse Studio 的核心产品有 Adaptive Server IQ，从底层设计的数据存储技术能快速查询大量数据。围绕 Adaptive Server IQ 有一套完整的工具集，包括数据仓库或数据集市的设计、各种数据源的集成转换、信息的可视化分析以及关键客户数据（元数据）的管理。

（四）SQL Server

SQL Server 是 Microsoft 公司推出的关系型数据库管理系统。它具有使用方便、可伸缩性好、相关软件集成程度高等优点，可跨越从运行 Microsoft Windows 98 的膝上型电脑到运行 Microsoft Windows 2012 的大型多处理器的服务器等多种平台。

SQL Server 是一个全面的数据库平台，使用集成的商业智能（BI）工具提供了企业级的数据管理。SQL Server 数据库引擎为关系型数据和结构化数据提供了更安全可靠的存储功能，使用户可以构建和管理用于业务的高可用和高性能的数据应用程序。

（五）MySQL

MySQL 是一个关系型数据库管理系统，由瑞典 MySQL AB 公司开发，属于 Oracle 旗下产品。MySQL 是当下最流行的关系型数据库管理系统之一。在 Web 应用方面，MySQL 是最好的 RDBMS（Relational Database Management System，关系数据库管理系统）应用软件之一。

MySQL 是一种关系型数据库管理系统，关系数据库将数据保存在不同的表中，而不是将所有数据放在一个大仓库内，这样就增加了速度并提高了灵活性。

MySQL 所使用的 SQL 语言是用于访问数据库的最常用标准化语言。MySQL 软件采用了双授权政策，分为社区版和商业版，由于其体积小、速度快、总体拥有成本低，尤其是开放源码这一特点，使一般中小型网站的开发都选择 MySQL 作为网站数据库。

五、数据库应用系统开发工具

早期的数据库应用于比较简单的单机系统，数据库管理系统选用 Database、FoxBASE、Fox-Pro 等，这些系统自身带有开发环境，特别是后来出现的 Visual FoxPro 带有功能强大、使用方便的可视化开发环境，所以这时的数据库应用系统开发可以不用再选择开发工具。

随着计算机技术（特别是网络技术）和应用需求的发展，数据库应用模式已逐步发展到 C/S（Client-Server）模式和 B/S（Browser/Server）模式，数据库管理系统需要选用功能强大的 Oracle、SQL Server、DB2 等，虽然说借助于其自身的开发环境也可以开发出较好的应用系统，但效率较低，不能满足实际开发的需要。选用合适的开发工具成为提高数据库应用系统开发效率和质量的一个重要因素。

针对这种需要，1991 年美国 Powersoft 公司（1995 年被 Sybase 收购）推出了 PowerBuilder1.0，这是一个基于 C/S 模式的面向对象的可视化开发工具，一经推出就受到了广泛的欢迎，获得多项大奖，曾在 C/S 领域的开发工具中占有主要的市场份额。之后，Powersoft 公司不断推出新的版本，1995 年推出 PowerBuilder 4.0，1996 年推出 PowerBuilder 5.0，后来又相继推出了 PowerBuilder 6.0、7.0、8.0、9.0、11、12 等版本，功能越来越强大，使用越来越方便。目前，常用于数据库应用系统的开发语言还有 C#、Java、ASP、ASP.NET 和 PHP 等。

六、数据库设计

数据库设计（Database Design）是指对于一个给定的应用环境，构造最优的数据库模式，建立数据库及其应用系统，使之能够有效地存储数据，满足各种用户的应用需求（信息要求和处理要求）。在数据库领域内，常常把使用数据库的各类系统统称为数据库应用系统。

数据库设计要与整个数据库应用系统的设计开发结合起来进行，只有设计出高质量的数据库，才能开发出高质量的数据库应用系统，也只有着眼于整个数据库应用系统的功能要求，才能设计出高质量的数据库。

数据库设计包括如下 6 个主要步骤：

①需求分析：了解用户的数据需求、处理需求、安全性及完整性要求。

②概念设计：通过数据抽象，设计系统概念模型，一般为 ER 模型。

③逻辑结构设计：设计系统的模式和外模式，对于关系模型主要是基本表和视图。

④物理结构设计：设计数据的存储结构和存取方法，如索引的设计。

⑤系统实施：组织数据入库、编制应用程序、试运行。

⑥运行维护：系统投入运行，长期的维护工作。

第二节　软件工程

随着计算机应用日益普及和深化，计算机软件数量以惊人的速度急剧膨胀。而且现代软件的规模往往十分庞大，包含数百万行代码，耗资几十亿美元，花费几千人，耗费几年时间的劳动才开发出来的软件产品，现在已经屡见不鲜了。例如，Windows 3.1 约有 250 万行代码；曾被广泛使用的 Windows XP 的开发历时 3 年，代码约有 4 000 万行，耗资 50 亿美元，仅产品促销就花费了 2.5 亿美元。为了降低软件开发的成本，提高软件的开发效率，20 世纪 60 年代末，一门新的工程学科诞生了——软件工程学。

软件工程学是一门研究用工程化方法构建和维护有效的、实用的和高质量的软件的学科。它涉及程序设计语言、数据库、软件开发工具、系统平台、标准、设计模式等方面。

在现代社会中，软件应用于多个方面。典型的软件有电子邮件、嵌入式系统、人机界面、办公套件、操作系统、编译器、数据库、游戏等。同时，各个行业几乎都有计算机软件的应用，如工业、农业、银行、航空、政府部门等。这些应用促进了经济和社会的发展，也提高了工作效率和生活效率。

一、软件工程出现的背景

由于“软件危机”的产生，迫使人们不得不研究、改变软件开发的技术和管理方法，软件开发也进入了软件工程时代。

随着微电子学技术的进步，计算机硬件性能与价格比平均每十年提高两个数量级，而且质量稳步提高；与此同时，计算机软件成本却在逐年上升且质量没有可靠的保证，软件开发的生产率也远远跟不上普及计算机应用的要求。可以说，软件已经成为限制计算机系统发展的关键因素。20 世纪 60 年代到 70 年代，西方计算机科学家把软件开发和维护过程中遇到的一系列严重问题统称为“软件危机”。软件危机的具体表现如下：

①软件开发的生产率远远不能满足客观需要，使得人们不能充分利用现代计算机硬件所提供的巨大潜力。

②开发的软件产品往往与用户的实际需要相差甚远。软件开发过程中不能很好地了解并理解用户的需求，也不能适应用户需求的变化。

③软件产品质量与可维护性差。软件的质量管理没有贯穿到软件开发的全过程，直接导致所提交的软件存在很多难以改正的错误。软件的开发基本没有实现软件的可重用，软件也不能适应硬件环境的变化，很难在原有软件中增加新的功能。加之软件的文档资料通常既不完整也不合格，使得软件的维护变得非常困难。

④软件开发的进度计划与成本的估计很不准确。实际成本可能会比估计成本高出一个数级，而实际进度却比计划进度延迟几个月甚至几年。开发商为了赶进度与节约成本会采取一些权宜之计，这往往会使软件的质量大大降低。这些现象极大地损害了软件开发商的信誉。

由上述的现象可以看出，所谓的“软件危机”并不仅仅表现在不能开发出完成预定功能的软件，更麻烦的是还包含那些如何开发软件、如何维护大量已经存在的软件以及开发速度如何匹配目前对软件越来越多的需求等相关的问题。

为了克服“软件危机”，人们进行了不断的探索。有人从制造机器和建筑楼房的过程中得到启示，无论是制造机器还是建造楼房都必须按照规划→设计→评审→施工（制造）→验收→交付的过程来进行，那么在软件开发中是否也可以像制造机器与建造楼房那样有计划、有步骤、有规范地开展软件的开发工作呢？答案是肯定的。于是 20 世纪 60 年代末用工程学的基本原理和方法来组织和管理软件开发全过程的一门新兴的工程学科诞生了，这就是计算机软件工程学，通常简称为软件工程。

二、软件工程的基本原则

（一）用分阶段的生命周期计划严格管理

在软件开发与维护的漫长的生命周期中，需要完成许多性质各异的工作。这条基本原理意味着，应该把软件生命周期划分成若干个阶段，并相应地制订出切实可行的计划，然后严格按照计划对软件的开发与维护工作进行管理。在软件的整个生命周期中应该制订并严格执行六类计划，它们是项目概要计划、里程碑计划、项目控制计划、产品控制计划、验证计划、运行维护计划。不同层次的管理人员都必须严格按照计划各尽其职地管理软件开发与维护工作，绝不能受客户或上级人员的影响而擅自背离预定计划。

（二）坚持进行阶段评审

软件的质量保证工作不能等到编码阶段结束之后再进行。这样说至少有两个理由：第一，大部分错误是在编码之前造成的。例如，根据统计，设计错误占软件错误的 63%，编码仅占 37%；第二，错误发现与改正得越晚，所需付出的代价也越高。因此，在每个阶段都进行严格的评审，以便尽早发现在软件开发过程中所犯的错误，是一条必须遵循的重要原则。

（三）实行严格的产品控制

在软件开发过程中不应随意改变需求，因为改变一项需求往往需要付出较高的代价，但是，在软件开发过程中改变需求又是难免的，由于外部环境的变化，相应地改变用户需求是一种客观需要，显然不能硬性禁止客户提出改变需求的要求，而只能依靠科学的产品控制技术来顺应这种要求。也就是说，当改变需求时，为了保持软件各个配置成分的一致性，必须实行严格的产品控制，其中主要是实行基线配置，它们是经过阶段评审后的软件配置成分（各个阶段产生的文档或程序代码）。基线配置管理也称为变动控制：一切有关修改软件的建议，特别是对基准配置的修改建议，都必须按照严格的规程进行评审，获得批准以后才能实施修改。绝对不能谁想修改软件（包括尚在开发过程中的软件），就随意进行修改。

（四）用现代程序设计技术

从提出软件工程的概念开始，人们一直把主要精力用于研究各种新的程序设计技术。20 世纪 60 年代末提出的结构程序设计技术，已经成为绝大多数人公认的先进的程序设计技术。后来又进一步发展出各种结构分析与结构设计技术。实践表明，采用先进的技术既可提高软件开发的效率，又可提高软件维护的效率。

（五）结果应能清楚地审查

软件产品不同于一般的物理产品，它是看不见摸不着的逻辑产品。若软件开发人员（或开发小组）的工作进展情况可见性差，难以准确度量，就会使得软件产品的开发过程比一般产品的开发过程更难于评价和管理。为了提高软件开发过程的可见性，更好地进行管理，应该根据软件开发项目的总目标及完成期限，规定开发组织的责任和产品标准，从而使得对所得到的结果能够清楚地审查。

（六）开发小组的人员应该少而精

软件开发小组的组成人员应素质良好，人数不宜过多。开发小组人员的素质和数量是影响软件产品质量和开发效率的重要因素。素质高的人员的开发效率比素质低的人员的开发效率可能高几倍甚至几十倍，而且素质高的人员所开发的软件中的错误明显少于素质低的人员所开发的软件中的错误。此外，随着开发小组人员数目的增加，因为交流情况讨论问题而造成的通信开销也急剧增加。当开发小组人员数为 N 时，可能的通信路径有 N/2 条，可见随着人数 N 的增大，通信开销将急剧增加。因此，组成少而精的开发小组是软件工程的一条基本原理。

（七）承认不断改进软件工程实践的必要性

遵循上述6条基本原则，就能够按照当代软件工程基本原理实现软件的工程化生产，但是，仅有上述 6 条原则并不能保证软件开发与维护的过程能赶上时代前进的步伐，能跟上技术的不断进步。因此，承认不断改进软件工程实践的必要性作为软件工程的第 7 条基本原则。按照这条原则，不仅要积极主动地采纳新的软件技术，而且要注意不断总结经验。

三、软件开发方法

（一）面向对象的软件开发方法

面向对象（Object Oriented，OO）技术是软件技术的一次革命，在软件开发史上具有里程碑的意义。

随着 OOP（Object Oriented Programming，面向对象程序设计程）向 OOD（Object Oriented Design，面向对象设计）和 OOA（Object-Oriented Analysis，面向对象分析）的发展，最终形成面向对象的软件开发方法 OMT（Object Modelling Technique）。这是一种自底向上和自顶向下相结合的方法，而且它以对象建模为基础，不仅考虑了输入、输出数据结构，实际上也包含了所有对象的数据结构。所以 OMT 彻底实现了 PAM 没有完全实现的目标。不仅如此，OO 技术在需求分析、可维护性和可靠性这 3 个软件开发的关键环节和质量指标上有了实质性的突破，彻底地解决了原本在这些方面存在的严重问题，从而宣告了“软件危机”末日的来临。

OMT 的第一步是从问题的陈述入手，构造系统模型。从真实系统导出类的体系，即对象模型，包括类的属性，与子类、父类的继承关系，以及类之间的关联。类是具有相似属性和行为的一组具体实例（客观对象）的抽象，父类是若干子类的归纳。因此，这是一种自底向上的归纳过程。在自底向上的归纳过程中，为使子类能更合理地继承父类的属性和行为，可能需要自顶向下地修改，从而使整个类体系更加合理。由于这种类体系的构造是从具体到抽象，再从抽象到具体，符合人类的思维规律，因此能更快、更方便地完成任务。这与自顶向下的 Yourdon 方法构成鲜明的对照。在 Yourdon 方法中，构造系统模型是最困难的一步，因为自顶向下的“顶”是一个“空中楼阁”，缺乏坚实的基础，而且功能分解有相当大的任意性，因此需要开发人员有丰富的软件开发经验。而在 OTM 中这一工作可由一般开发人员较快地完成。在对象模型建立后，很容易在这一基础上再导出动态模型和功能模型。这 3 个模型一起构成要求解的系统模型。

系统模型建立后的工作就是分解。与 Yourdon 方法按功能分解不同，在 OMT 中通常按服务（service）来分解。服务是具有共同目标的相关功能的集合，如 I/O 处理、图形处理等。这一步的分解通常很明确，而这些子系统的进一步分解因有较具体的系统模型为依据，也相对容易。所以 OMT 也具有自顶向下方法的优点，即能有效地控制模块的复杂性，同时避免了 Yourdon 方法中功能分解的困难和不确定性。

每个对象类由数据结构（属性）和操作（行为）组成，有关的所有数据结构（包括输入、输出数据结构）都成了软件开发的依据。因此 Jackson 方法和 PAM 中输入、输出数据结构与整个系统之间的鸿沟在 OMT 中不再存在。OMT 不仅具有 Jackson 方法和 PAM 的优点，而且可以应用于大型系统。更重要的是，在 Jackson 方法和 PAM 方法中，当它们的出发点——输入、输出数据结构（即系统的边界）发生变化时，整个软件必须推倒重来。但在 OMT 中系统边界的改变只是增加或减少一些对象而已，整个系统改动极小。

需求分析不彻底是软件开发失败的主要原因之一。传统的软件开发方法不允许在开发过程中用户的需求发生变化，从而导致种种问题。正是由于这一原因，人们提出了原型化方法，推出探索原型、实验原型和进化原型，积极鼓励用户改进需求。在每次改进需求后又形成新的进化原型供用户试用，直到用户基本满意，大大提高了软件的成功率。但是，它要求软件开发人员能迅速生成这些原型，这就要求有自动生成代码工具的支持。而 OMT 彻底解决了这一问题。因为需求分析过程已与系统模型的形成过程相一致，开发人员与用户的讨论是从用户熟悉的具体实例（实体）开始的。开发人员必须搞清现实系统才能导出系统模型，这就使用户与开发人员之间有了共同的语言，避免了传统需求分析中可能产生的种种问题。

在 OMT 之前的软件开发方法都是基于功能分解的。尽管软件工程学在可维护方面做出了极大的努力，使软件的可维护性有较大的改进。但从本质上讲，基于功能分解的软件是不易维护的。因为功能一旦有变化都会使开发的软件系统产生较大的变化，甚至推倒重来。更严重的是，在这种软件系统中，修改是有困难的。由于种种原因，即使是微小的修改也可能引入新的错误。所以，传统开发方法很可能会引起软件成本增长甚至失控、软件质量得不到保证等一系列严重问题。正是 OMT 才使软件的可维护性有了质的改善。

OMT 的基础是目标系统的对象模型，而不是功能的分解。功能是对象的使用，它依赖于应用的细节，并在开发过程中不断变化。由于对象是客观存在的，因此当需求变化时，对象的性质要比对象的使用更为稳定，从而使建立在对象结构上的软件系统也更为稳定。

更重要的是 OMT 彻底解决了软件的可维护性。在 OO 语言中，子类不仅可以继承父类的属性和行为，而且也可以重载父类的某个行为（虚函数）。利用这一特点，用户可以方便地进行功能修改：引入某类的一个子类，对要修改的一些行为（即虚函数或虚方法）进行重载，也就是对它们重新定义。由于不再在原来的程序模块中引入修改，所以彻底解决了软件的可修改性，从而也彻底解决了软件的可维护性。OO 技术还提高了软件的可靠性和健壮性。

（二）可视化开发方法

可视化开发是 20 世纪 90 年代软件界最大的两个热点之一。随着图形用户界面的兴起，用户界面在软件系统中所占的比例也越来越大，有的甚至高达 60%～70%。产生这一问题的原因是图形界面元素的生成很不方便。为此 Windows 提供了 API（Application Programming Interface，应用程序设计接口），它包含了 600 多个函数，极大地方便了图形用户界面的开发。但是，在这批函数中，大量的函数参数和使用数量颇多的有关常量，使基于 Windows API 的开发变得相当困难。为此 Borland C++推出了 Object Windows 编程。它将 API 的各部分用对象类进行封装，提供了大量预定义的类，并定义了许多成员函数。利用子类对父类的继承性，以及实例对类的函数的引用，应用程序的开发可以省却大量类的定义，省却大量成员函数的定义或只需作少量修改以定义子类。Object Windows 还提供了许多标准的缺省处理，大大减少了应用程序开发的工作量。但要掌握它们，对非专业人员来说仍是一个沉重的负担。为此，人们利用 Windows API 或 Borland C++的 Object Windows 开发了一批可视开发工具。

可视化开发就是在可视开发工具提供的图形用户界面上，通过操作界面元素，诸如菜单、按钮、对话框、编辑框、单选框、复选框、列表框和滚动条等，由可视开发工具自动生成应用软件。

这类应用软件的工作方式是事件驱动。对每一个事件，由系统产生相应的消息，再传递给相应的消息响应函数。这些消息响应函数是由可视开发工具在生成软件时自动装入的。

可视开发工具应提供的两大类服务如下：

（1）生成图形用户界面及相关的消息响应函数

通常的方法是先生成基本窗口，并在它的外面以图标形式列出所有界面元素，让开发人员挑选后放入窗口指定位置。在逐一安排界面元素的同时，还可以用鼠标拖动，以使窗口的布局更加合理。

（2）为各种具体的子应用的各个常规执行步骤提供规范窗口

它包括对话框、菜单、列表框、组合框、按钮和编辑框等，以供用户挑选。开发工具还应为所有的选择（事件）提供消息响应函数。

由于要生成与各种应用相关的消息响应函数，因此可视化开发只能用于相当成熟的应用领域，如流行的可视化开发工具基本上用于关系数据库的开发。对一般的应用，可视化开发工具只能提供用户界面的可视化开发。至于消息响应函数（或称脚本），则仍需用高级语言（3GL）编写。只有在数据库领域才提供 4GL，使消息响应函数的开发大大简化。

从原理上讲，与图形有关的所有应用都可采用可视化开发方式，如活塞表面设计中的热应力计算。用户只需在界面上用鼠标修改活塞表面的曲线，应用软件就自动进行有限元划分、温度场计算、热应力计算，并将热应力的等值曲线图显示在屏幕上。最后几次生成的结果还可并列显示在各窗口上供用户比较，其中的一个主窗口还可让用户进一步修改活塞表面曲线。

四、系统分析

从广义上说，系统分析（Systems Analysis）就是系统工程；从狭义上说，就是对特定的问题，利用数据资料和有关管理科学的技术和方法进行研究，以解决方案和决策的优化问题的方法和工具。系统分析这个词是美国兰德公司在 20 世纪 40 年代末首先提出的。最早是应用于武器技术装备研究，后来转向国防装备体制与经济领域。随着科学技术的发展，系统分析的适用范围逐渐扩大，包括制定政策、组织体制、物流及信息流等方面的分析。20 世纪 60 年代初，我国工农业生产部门试行统筹方法，在国防科技部门设置的“总体设计部”机构，都使用了系统分析方法。美国兰德公司认为，系统分析的要素有 5 点：

①期望达到的目标；

②达到预期目标所需要的各种设备和技术；

③达到各方案所需的资源与费用；

④建立方案的数学模型；

⑤按照费用和效果优选的评价标准。

系统分析的步骤一般为：确立目标、建立模型、系统最优化（利用模型对可行方案进行优化）、系统评价（在定量分析的基础上，结合其他因素，综合评价选出最佳方案）。进行系统分析还必须坚持外部条件与内部条件相结合；当前利益与长远利益相结合；局部利益与整体利益相结合；定量分析与定性分析相结合等原则。

五、系统设计

系统设计是根据系统分析的结果，运用系统科学的思想和方法，设计出能最大限度满足所要求的目标（或目的）的新系统的过程。系统设计内容包括确定系统功能；设计方针和方法；产生理想系统并做出草案；通过收集信息对草案做出修正并产生可选设计方案；将系统分解为若干子系统，进行子系统和总系统的详细设计并进行评价；对系统方案进行论证并做出性能效果预测。

（一）系统设计应遵循的原则

系统设计总的原则是保证系统设计目标的实现，并在此基础上使技术资源的运用达到最佳。系统设计中，应遵循以下原则：

1.系统性原则

系统是一个有机整体。因此，系统设计中，要从整个系统的角度进行考虑，使系统有统一的信息代码、统一的数据组织方法、统一的设计规范和标准，以此来提高系统的设计质量。

2.经济性原则

经济性原则是指在满足系统要求的前提下，尽可能减少系统的费用支出。一方面，在系统硬件投资上不能盲目追求技术上的先进，而应以满足系统需要为前提；另一方面，系统设计中应避免不必要的复杂化，各模块应尽可能简洁。

3.可靠性原则

可靠性既是评价系统设计质量的一个重要指标，又是系统设计的一个基本出发点。只有设计出的系统是安全可靠的，才能在实际中发挥它应有的作用。一个成功的管理信息系统必须具有较高的可靠性，如安全保密性、检错及纠错能力、抗病毒能力、系统恢复能力等。

4.管理可接受的原则

一个系统能否发挥作用和具有较强的生命力，在很大程度上取决于管理上是否可以接受。因此，在系统设计时，要考虑到用户的业务类型、用户的管理基础工作、用户的人员素质、人机界面的友好程度、掌握系统操作的难易程度等诸多因素。因此，在系统设计时，必须充分考虑到这些因素，才能设计出用户可接受的系统。

（二）系统设计方法

系统设计的方法主要包括：结构化生命周期法（瀑布法）、原型化方法（迭代法）、面向对象方法。按时间过程来分，开发方法分为生命周期法和原型法，实际上还有许多处于中间状态的方法。原型法又按照对原型结果的处理方式分为试验原型法和演进原型法。试验原型法只把原型当成试验工具，试了以后就抛掉，根据试验的结论做出新的系统。演进原型法则把试好的结果保留，成为最终系统的一部分。按照系统的分析要素，可以把开发方法分为3类：

①面向处理的方法（Processing Oriented，PO）；

②面向数据的方法（Data Oriented，DO）；

③面向对象的方法（Object Oriented，OO）。

系统设计通常应用两种方法：一种是归纳法，另一种是演绎法。应用归纳法进行系统设计的程序是：首先尽可能地收集现有的和过去的同类系统的系统设计资料；在对这些系统的设计、制造和运行状况进行分析研究的基础上，根据所设计的系统的功能要求进行多次选择，然后对少数几个同类系统做出相应修正，最后得出一个理想的系统。

六、系统实施

系统实施阶段是将新系统付诸实践的过程。它的主要活动是根据系统设计所提供的控制结构图、数据库设计、系统配置方案及详细设计资料，编制和调试程序，创建完整的管理系统，并进行系统的调试、新旧系统切换等工作，将逻辑设计转化为物理实际系统。

实施阶段的主要活动包括物理系统的建立、程序的编制、系统调试、系统切换、系统维护，以及系统评价等。

七、系统运行与维护

为了清除系统运行中发生的故障和错误，软、硬件维护人员要对系统进行必要的修改与完善；为了使系统适应用户环境的变化，满足新提出的需要，也要对原系统做些局部的更新，这些工作称为系统维护。系统维护的任务是改正软件系统在使用过程中出现的隐含错误，扩充在使用过程中用户提出的新的功能及性能要求，其目的是维护软件系统的“正常运作”。这阶段的文档是软件问题报告和软件修改报告，它记录发现软件错误的情况以及修改软件的过程。

（一）以维护对象划分的维护类型

系统维护是面向系统中各个构成因素的，按照维护对象不同，系统维护的内容可分为以下几类：

1.系统应用程序维护

应用程序维护是系统维护的最主要内容。它是指对相应的应用程序及有关文档进行的修改和完善。系统的业务处理过程是通过应用程序的运行而实现的，一旦程序发生问题或业务发生变化，就必然地引起程序的修改和调整，因此系统维护的主要活动是对程序进行维护。

2.数据维护

数据库是支撑业务运作的基础平台，需要定期检查运行状态。业务处理对数据的需求是不断发生变化的，除了系统中主体业务数据的定期正常更新外，还有许多数据需要进行不定期的更新，或随环境或业务的变化而进行调整，以及数据内容的增加、数据结构的调整。此外，数据的备份与恢复等，都是数据维护的工作内容。

3.代码维护

代码维护是指对原有的代码进行的扩充、添加或删除等维护工作。随着系统应用范围的扩大，应用环境的变化，系统中的各种代码都需要进行一定程度的增加、修改、删除，以及设置新的代码。

4.硬件设备维护

硬件设备维护主要就是指对主机及外设的日常维护和管理，如机器部件的清洗、润滑，设备故障的检修，易损部件的更换等，这些工作都应由专人负责，定期进行，以保证系统正常有效地工作。

5.机构和人员的变动

信息系统是人机系统，人工处理也占有重要地位，人的作用占主导地位。为了使信息系统的流程更加合理，有时涉及机构和人员的变动。这种变动往往也会影响对设备和程序的维护工作。

（二）以维护性质划分的维护类型

系统维护的重点是系统应用软件的维护工作，按照软件维护的不同性质可划分为下述 4 种类型：

1.纠错性维护

由于系统测试不可能揭露系统存在的所有错误，因此在系统投入运行后频繁的实际应用过程中，就有可能暴露出系统内隐藏的错误。诊断和修正系统中遗留的错误，就是纠错性维护。纠错性维护是在系统运行中发生异常或故障时进行的，这种错误往往是遇到了从未用过的输入数据组合或是在与其他部分接口处产生的，因此只是在某些特定的情况下发生。有些系统运行多年以后才暴露出在系统开发中遗留的问题，这不足为奇。

2.适应性维护

适应性维护是为了使系统适应环境的变化而进行的维护工作。一方面，计算机科学技术迅速发展，硬件的更新周期越来越短，新的操作系统和原来操作系统的新版本不断推出，外部设备和其他系统部件经常增加和修改，这就必然要求信息系统能够适应新的软硬件环境，以提高系统的性能和运行效率；另一方面，信息系统的使用寿命在延长，超过了最初开发这个系统时应用环境的寿命，即应用对象也在不断发生变化，机构的调整、管理体制的改变、数据与信息需求的变更等都将导致系统不能适应新的应用环境。如代码改变、数据结构变化、数据格式以及输入/输出方式的变化、数据存储介质的变化等，都将直接影响系统的正常工作。因此，有必要对系统进行调整，使之适应应用对象的变化，满足用户的需求。

3.完善性维护

在系统的使用过程中，用户往往要求扩充原有系统的功能，增加一些在软件需求规范书中没有规定的功能与性能特征，以及对处理效率和编写程序的改进。例如，有时可将几个小程序合并成一个单一的运行良好的程序，从而提高处理效率；增加数据输出的图形方式；增加联机在线帮助功能；调整用户界面等。尽管这些要求在原来系统开发的需求规格说明书中并没有，但用户要求在原有系统基础上进一步改善和提高；并且随着用户对系统的使用和熟悉，这种要求可能会不断提出。为了满足这些要求而进行的系统维护工作就是完善性维护。

4.预防性维护

系统维护工作不应总是被动地等待用户提出要求后才进行，应进行主动的预防性维护，即选择那些还有较长使用寿命，目前尚能正常运行，但可能将要发生变化或调整的系统进行维护，目的是通过预防性维护为未来的修改与调整奠定更好的基础。例如，将目前能应用的报表功能改成通用报表生成功能，以应对今后报表内容和格式可能的变化。

根据对各种维护工作分布情况的统计结果，一般纠错性维护占 21%，适应性维护工作占 25%，完善性维护达到 50%，而预防性维护以及其他类型的维护仅占 4%，可见系统维护工作一半以上为完善性维护。

八、软件开发工具

软件开发工具是用于辅助软件生命周期过程的基于计算机的工具。通常可以设计并实现工具来支持特定的软件工程方法，减少手工方式管理的负担。与软件工程方法一样，他们试图让软件工程更加系统化。软件开发工具的种类包括支持单个任务的工具及囊括整个生命周期的工具。

软件开发工具既包括传统的工具，如操作系统、开发平台、数据库管理系统等，又包括支持需求分析、设计、编码、测试、配置、维护等的各种开发工具与管理工具。这里主要讨论支持软件工程的工具，这些工具通常是为软件工程直接服务的，所以人们也将其称为计算机辅助软件工程（Computer Aided Software Engineering，CASE）工具。CASE 是一组工具和方法集合，可以辅助软件开发生命周期各阶段进行软件开发。使用 CASE 工具的目的一般是为了降低开发成本，达到软件的功能要求、取得较好的软件性能，使开发的软件易于移植，降低维护费用，使开发工作按时完成并及时交付使用。

CASE 有如下三大作用，这些作用从根本上改变了软件系统的开发方式：

①CASE 是一个具有快速响应、专用资源和早期查错功能的交互式开发环境。

②使软件的开发和维护过程中的许多环节实现了自动化。

③通过一个强有力的图形接口，实现了直观的程序设计。

借助于 CASE，计算机可以完成与开发有关的大部分繁重工作，包括创建并组织所有诸如计划、合同、规约、设计、源代码和管理信息等人工产品。另外，应用 CASE 还可以帮助软件工程师解决软件开发的复杂性并有助于小组成员之间的沟通，它包含计算机支持软件工程的所有方面。几种常用的 CASE 工具简介如下：

（一）IBM Rational 系列产品

Rational 公司是专门从事 CASE 工具研制与开发的软件公司，2003 年被 IBM 公司收购。该公司所研发的 Rational 系列软件是完整的 CASE 集成工具，贯穿从需求分析到软件维护的整个软件生命周期。其最大的特点是基于模型驱动，使用可视化方法来创建 UML（Unified Modeling Language）模型，并能将 UML 模型直接转化为程序代码。IBM Rational 系列产品主要由以下几部分构成：

（1）需求、分析与设计工具

核心产品是 IBM Rational Rose，它集需求管理、用例开发、设计建模、基于模型的开发等功能于一身。

（2）测试工具

包括为开发人员提供的测试工具 IBM Rational Purify Plus 和自动化测试工具 IBM Rational Robot。Rational Robot 可以对使用各种集成开发环境（DE）和语言建立的软件应用程序，创建、修改并执行自动化的功能测试、分布式功能测试、回归测试和集成测试。

（3）软件配置工具

核心产品是 IBM Rational Clear Case，包括版本控制、软件资产管理、缺陷和变更跟踪。

（二）北大青鸟

北大青鸟系列 CASE 工具是北大青鸟软件有限公司开发研制的，在国内有较高的知名度，北京大学软件工程国家工程研究中心就设在该公司。其主要产品包括如下几个方面：

（1）面向对象软件开发工具集（JBOO/2.0）

该软件支持 UML 的主要部件，对面向对象的分类、设计和编程阶段提供建模与设计支持。

（2）构件库管理系统（JBCLMS）

青鸟构件库管理系统 JBCLMS 面向企业的构件管理需求，提供构件提交、构件检索、构件管理、构件库定制、反馈处理、人员管理和构件库统计等功能。

（3）项目管理与质量保证体系

该体系包括配置管理系统（JBCM）、过程定义与控制系统（BPM）、变化管理系统（JBCCM）等。JBCM 系统主要包括基于构件的版本与配置管理、并行开发与协作支持、人员权限控制与管理、审计统计等功能。

（4）软件测试系统（Safepro）

Safepro 是一系列的软件测试工具集，主要包括了面向 C、C++、Java 等不同语言的软件测试、理解工具。

（三）版本控制工具

版本控制工具（Visual Source Safe，VSS）通过将有关项目文档，包括文本文件、图像文件、二进制文件、声音文件、视频文件等存入数据库进行项目研发管理工作。用户可以根据需要随时快速有效地共享文件。VSS 的主要功能如下：

（1）文件检入与检出

用于保持文档内容的一致性，避免由于多人修改同一文档而造成内容的不一致。

（2）版本控制

VSS 可以保存每一个文件的多种版本，同时自动对文件的版本进行更新与管理。

（3）文件的拆分与共享

利用 VSS 可以很方便地实现一个文件同时被多个项目的共享，也可以随时断开共享。

（4）权限管理

VSS 定义了四级用户访问权限，以适应不同的操作。

第三章 结构化需求分析

第一节 概述

什么是需求？到目前为止还没有公认的定义，比较权威的是 IEEE 软件工程标准词汇表中的需求定义：用户解决问题或达到目标所需要的条件或权能。系统或系统部件要满足合同、标准、规范或其他正式规定文档所要具有的条件或权能。

IEEE 公布的需求定义分别从用户和开发者的角度阐述了什么是需求，以需求文档的方式一方面反映了系统的外部行为，另一方面也反映了系统的内部特性。需求比较通俗的定义为：需求是指明系统必须实现什么的规约，它描述了系统的行为、特性或属性，是在开发过程中对系统的约束。

需求工程是指系统分析人员通过细致的调研分析，准确理解用户的需求，将不规范的需求陈述转化为完整的需求定义，再将需求定义写成需求规约的过程。需求工程包含需求开发和需求管理两部分。

软件需求是软件工程过程中的重要一环，是软件设计的基础，也是用户和软件工程人员之间的桥梁。简单地说，软件需求就是确定系统需要做什么，严格意义上讲，软件需求是系统或软件必须达到的目标与能力。软件需求在软件项目中占有重要地位，是软件设计和实现的基础。需求的改变将导致其后一系列过程的更改，因而软件需求是软件开发成败的关键。

一、需求的类型

软件需求通常有功能需求、非功能需求、领域需求等。下面对此分别进行阐述。

（一）功能需求

简单地说，功能需求描述系统所应提供的功能和服务，包括系统应该提供的服务和对输入如何响应及特定条件下系统行为的描述。对于用户需求，用较为一般的描述给出。对于功能性的系统需求，需要详细地描述系统功能、输入和输出、异常等，这些需求是从系统的用户需求文档中摘取出来的，往往可以按不同的方式来描述。有时，功能需求还包括系统不应该做的事情。功能需求取决于软件的类型、软件的用户及系统的类型等。

理论上，系统的功能需求应该具有全面性和一致性。全面性即应该对用户所需要的所有服务进行描述，而一致性指需求的描述不能前后自相矛盾。实际上，对于大型的复杂系统来说，要做到全面和一致几乎是不可能的，原因有二：一是系统本身固有的复杂性；二是用户和开发人员站在不同的立场上，导致两者对需求的理解有偏颇，甚至出现矛盾。有些需求在描述的时候，其中存在的矛盾并不明显，但在深入分析之后问题就会显露出来。为保证软件项目的成功，不管是在需求评审阶段，还是在随后的软件生命周期阶段，只要发现问题，都必须修正需求文档。

（二）非功能需求

作为功能需求的补充，非功能需求是指那些不直接与系统的具体功能相关的一类需求，但它们与系统的总体特性相关，如可靠性、响应时间、存储空间等。非功能需求定义了对系统提供的服务或功能的约束，包括时间约束、空间约束、开发过程约束及应遵循的标准等。它源于用户的限制，包括预算的约束、机构政策、与其他软硬件系统间的互操作，以及如安全规章、隐私权保护的立法等外部因素。

与关心系统个别特性的功能需求相比，非功能需求关心的是系统的整体特性，因而对于系统来说，非功能需求更关键。一个功能需求得不到满足会降低系统的能力，但一个非功能需求得不到满足则有可能使系统无法运行。

非功能需求不仅与软件系统本身有关，还与系统的开发过程有关。与开发过程有关的需求包括：对在软件过程中必须使用的质量标准的描述，设计中必须使用的 CASE 工具集的描述，以及软件过程所必须遵守的原则等。

按照非功能需求的起源，可将需求分为3大类：产品需求、机构需求、外部需求。还可以对其进行细分，产品需求对产品的行为进行描述；机构需求描述用户与开发人员所在机构的政策和规定；外部需求范围比较广，包括系统的所有外部因素和开发过程。

非功能需求检验起来非常困难，因为它们可能来自系统的易用性、可恢复性和对用户输入的快速反应的性能要求，同时需求描述的不详细和不确定也会给开发者带来许多困难。虽然理论上非功能需求能够量化，通过一些可用来指定非功能性系统特性的度量的测试可使其验证更为客观，但在实际操作中，对需求描述进行量化是很困难的，这种困难性体现为客户没有能力把目标需求进行量化或者有些目标（如可维护性）本身也没有度量可供使用。因此，在需求文档的目标陈述中，开发者应该明确用户对需求的优先顺序，同时也要让用户知道一些目标的模糊性和无法客观验证性。

（三）领域需求

领域需求的来源不是系统的用户，而是系统应用的领域，反映了该领域的特点。它们主要反映了应用领域的基本问题，如果这些需求得不到满足，系统就不可能正常运转。领域需求可能是功能需求，也可能是非功能需求，其确定需要领域的知识。它经常采用一种应用领域中的专门语言来描述。

（四）业务需求

业务需求反映组织机构或客户对软件高层次的目标要求，这项需求是用户高层领导机构决定的，它确定了系统的目标规模和范围。

（五）用户需求

用户需求是指用户使用该软件要完成的任务。

（六）系统需求

系统需求是容易被忽视的要求，通常是为了保证整个系统能够正常运行的辅助功能，用户一般不会意识到。

事实上，不同类型的系统需求之间的差别并不像定义中的那么明显。若用户需求是关于机密性的，则表现为非功能需求。但在实际开发时，可能导致其他功能性需求，如系统中关于用户授权的需求。

以上软件需求的分类方法视不同类型的软件可能稍有差异。

二、需求开发目标

具体而言，需求开发主要有两个目标：第一，通过对问题及其环境的理解、分析和综合，建立分析模型；第二，完全弄清用户对软件系统的确切要求，在用户和软件开发组织之间就将要开发的软件系统达成一致的协议并产生正式的需求文档。

（一）建立分析模型

一般来说，现实世界中的系统不论表面上怎样杂乱无章，总可以通过分析与归纳从中找出一些规律，再通过“抽象”建立起系统的模型。分析模型是描述软件需求的一种模型，由于各个用户往往会从不同的角度阐述他们对原始问题的理解和对目标软件的需求，因此有必要为原始问题及其目标软件系统建立模型。这种模型一方面用于精确地记录用户对原始问题和目标软件的描述；另一方面，它也将帮助分析人员发现用户需求中的不一致性，排除不合理的部分，挖掘潜在的用户需求。这种模型往往包含问题及其环境所涉及的信息流、处理功能、用户界面、行为模型及设计约束等，它是形成需求说明以及进行软件设计和实现的基础。

（二）正式需求文档

作为系统需求的最终成果，需求文档必须具有综合性，即必须包括所有的需求。用户和开发组织都应该很谨慎地对待需求文档，因为对于没有包括在需求文档中的需求，用户不要对它可能被最终实现抱任何希望，而一旦在需求文档中出现的需求，开发组织必须实现。当然，也经常会发生需求变更，需要双方互相探讨以决定取舍，但这完全是另外一回事。

正式的需求文档应满足如下要求：

（1）具有准确性和一致性

因为需求文档是连接计划周期和开发周期的桥梁，也是软件设计的依据，任何含混不清、前后矛盾的需求，或一个微小的错漏，都可能导致误解或造成系统的大错，在纠正时付出巨大的代价。

（2）无二义性

因为需求文档是沟通用户和系统分析员思想的媒介，双方要用它来表达需要计算机解决的问题的共同理解。如果在需求说明中使用了用户不容易理解的专门术语，或使用了用户与分析员对要求的内容可以做出不同解释的有歧义的词语，便可能导致系统的失败。

（3）直观、易读和易于修改

应尽量采用标准的图形、表格和简单的符号来表示需求文档中的内容，使不熟悉计算机的用户也能一目了然。

鉴于需求文档的重要性，其编写也应备受重视。编写需求文档时，以下几点是应该注意的：

①语句和段落尽量简短；

②表达时采用主动语态；

③语句要完整，且语法、标点等正确无误；

④使用的术语要与词汇表中的定义保持一致；

⑤陈述时要采用一致的样式；

⑥避免模糊的、主观的术语，如性能“优越”；

⑦避免使用比较性的词汇，尽量给出定量的说明，含糊的语句表达将引起需求的不可验证。

三、需求开发过程

（一）需求开发包含的工程活动

需求工程包括需求开发和需求管理两个方面。需求管理是一种系统化方法，可用于获取、组织和记录系统需求并使客户和项目团队在系统变更需求上保持一致。需求开发是一个包括创建和维持系统需求文档所必需的一切活动的过程，它包含 4 个通用的高层需求工程活动：系统可行性研究、需求导出和分析、需求描述和文档编写、需求有效性验证。

1.系统可行性研究

系统可行性研究指明现有的软件、硬件技术能否满足用户对新系统的要求，从业务角度来决定系统开发是否划算，以及在预算范围内是否能够开发出来。可行性研究是比较便宜和省时的。可行性研究的结果就是要得出结论：该系统是否值得进行更细致的分析。

2.需求导出和分析

需求导出和分析是一个通过对现有系统分析、与潜在用户和购买者讨论、进行任务分析等导出系统需求的过程，也可能需要开发一个或多个不同的系统模型和原型。这些都会帮助分析了解所要描述的系统。

3.需求描述

需求描述就是把在分析活动中收集的信息以文档的形式确定下来。在这个文档中有两类需求：用户需求是从客户和最终用户角度对系统需求的抽象描述；功能需求是对系统要提供的功能的详尽描述。

4.需求有效性验证

需求有效性验证是检查需求实现的一致性和完备性。在这个过程中，可以发现需求文档中的错误。

当然，需求过程中的各项活动并不是严格按顺序进行的。在定义和描述期间，需求分析继续进行，这不排除在整个需求工程过程中不断有新的需求出现。因此，分析、定义和描述是交替进行的。

在初始的可行性研究之后，下一个需求工程过程就是需求导出和分析。在这个活动中，软件开发技术人员要和客户及系统最终用户一起调查应用领域，即系统应该提供什么服务，系统应该具有什么样的性能以及硬件约束等。

需求获取是在问题及其最终解决方案之间架设桥梁的第一步。获取需求的一个必不可少的结果是对项目中描述的客户需求的普遍理解。一旦理解了需求，分析者、开发者和客户就能探讨、确定描述这些需求的多种解决方案。参与需求获取的人员只有在他们理解了问题之后才能开始设计系统，否则，对需求定义的任何改进都没有意义。把需求获取集中在用户任务上而非用户接口上，有助于防止开发组由于草率处理设计问题而造成的失误。

所有对系统需求有直接或间接影响力的人统称为项目相关人员。项目相关人员包括使用系统的最终用户和机构中其他与系统有关的人员，正在开发或维护其他相关系统的工程人员、业务经理、领域专家等。以下原因增加了系统需求导出和分析的难度：

项目相关人员通常并不真正了解他们希望计算机系统做什么。让他们清晰地表达出需要系统做什么是件困难的事情，他们或许会提出不切实际的需求。项目相关人员用他们自己的语言表达需求，这些语言会包含很多他们所从事工作中的专业术语和专业知识。需求工程师没有客户所在领域中的那些知识和经验，而他们又必须了解这些需求。不同的项目相关人员有不同的需求，他们可能以不同的方式表达这些需求。需求工程师必须发现所有潜在的需求资源，而且能发现这些需求的相容之处和冲突之处。

各领域的管理者可能会提出特别需求，因为这些需求会帮助他们在机构中增加影响力。经济和业务环境决定了分析是动态的，需求在分析过程期间会发生变更。因此，个别需求的重要程度可能改变。新的需求可能从新的项目相关人员那里得到。

（二）需求开发活动的步骤

由于软件开发项目和组织文化的不同，对于需求开发没有一个简单的、公式化的途径。需求开发活动通常包括如下 14 个步骤：

①定义项目的视图和范围；

②确定用户类；

③在每个用户类中确定适当的代表；

④确定需求决策者和他们的决策过程；

⑤选择需求获取技术；

⑥运用需求获取技术对作为系统一部分的使用实例进行开发并设置优先级；

⑦从用户那里收集质量属性的信息和其他非功能需求；

⑧详细拟订使用实例使其融合到必要的功能需求中；

⑨评审使用实例的描述和功能需求；

⑩开发分析模型用以澄清需求获取的参与者对需求的理解；

⑪开发并评估用户界面原型以助想象还未理解的需求；

⑫从使用实例中开发出概念测试用例；

⑬用测试用例来论证使用实例、功能需求、分析模型和原型；

⑭在继续进行设计和构造系统每一部分之前，重复⑥～⑬步。

（三）需求工程过程活动包含的内容

需求工程过程活动包括以下内容：

1.领域了解

分析人员一定要了解需求应用的领域。举例来说，若要为一家超级市场做系统开发，分析人员就一定要了解超级市场的运作方式。

2.需求收集

这是一个与项目相关人员沟通以发现他们需求的过程。很显然，在这个活动期间能需求开发人员会对需求应用的领域有进一步的了解。

3.分类

收集的需求是无序的，需要对其重新组织和整理，将其分成相关的几个组。

4.冲突解决

在有多个项目相关人员参与的地方，需求将不可避免地会发生冲突，这个活动就是发现而且解决这些冲突。

5.优先排序

在任何一组需求中，一些需求总是会比其他的更重要。这个阶段包括和项目相关人员交互以发现最重要的需求。

6.需求检查

检查需求是否完全、是否一致以及是否与项目相关人员对系统的期待相符合。

需求导出和分析是一个重复过程，从一个活动到另一个活动会有持续不断的反馈。过程循环从领域了解开始，以需求检查结束。分析人员在每个回合中都能进一步加深对需求的理解。

第二节　需求获取

需求获取（Requirements Elicitation）也称为需求收集（Requirements Capture），它是与发现目标系统应该提供的需求相关的活动的统称。

需求开发小组的一个或多个成员与顾客组织之间的交流通常是需求获取的重要前提。为了获取客户的需求，需求小组成员必须熟悉应用领域，并使用正确的术语同客户交谈。消除术语误解问题的一个办法是建立并随时更新术语表。在需求获取时，经常使用的方法有访谈、场景（Scenario，也称情景，在面向对象分析中也叫用例）以及其他一些技术（例如，向客户组织成员发放调查表，检查客户工作使用的各种表格）。

有学者指出了导致需求获取困难的问题：

①范围问题。开发时经常还未定义好系统边界，或者客户/用户刻画的技术细节不清晰、不必要，系统目标的描述不简明、不全面。

②理解问题。客户/用户不能完全确定需要什么，不能完全理解问题领域，与系统工程师在需求沟通上存在歧义，甚至提出一些同其他客户/用户的需要相冲突的需求以及一些不可测试的需求。

③易变问题。需求随事件的变化而变化。

为了克服这些问题，系统工程师必须有组织地收集需求。有人建议采用如下步骤来指导需求的获取：

①针对提议的系统评估业务及技术可行性，给出需要和可行性的陈述。

②确定那些能够帮助刻画需求和熟悉组织及相关业务的人员，给出参与需求获取活动的客户、用户和其他风险承担者的列表。

③定义系统或产品的技术环境（如计算体系结构、操作系统），给出系统的技术环境的描述。

④确定“领域约束”（即目标应用领域的业务环境的特征），这些约束将限制待建造系统/产品的功能或性能。需给出系统/产品范围的限制性陈述，以及需求列表和应用于

每个需求的领域限制。

⑤定义一种或多种需求获取方法。

⑥要求很多人员参与，以便能从不同视角来定义需求，并确定每个正式需求的理由。

⑦确定有歧义的需求为原型实现的候选对象。

⑧创建并给出使用场景，以帮助客户/用户更好地确定关键需求，提供对在不同运行条件下系统或产品的使用指导意见。

⑨给出原型以更好地定义需求。

以上每一个工作产品都要参与需求获取活动的所有人员评审确认。

一、需求获取方法

为了获取正确的需求信息，可以使用一些基本的需求获取方法和技术。

（一）建立联合分析小组

系统开始开发时，系统分析员往往对用户的业务过程和术语不熟悉，用户也不熟悉计算机的处理过程，因此在系统分析员看来，用户提供的需求信息往往是零散和片面的，需要由一个领域专家来沟通。因而，建立一个由用户、系统分析员和领域专家参与的联合分析小组，对开发人员与用户之间的交流和需求的获取将非常有用。有些学者也将这种面向联合开发小组的需求收集方法称为“便利的应用规范技术”（Facilitated Application Specification Techniques，FAST）。有人主张，在参加 FAST 小组的人员中，用户方的业务人员应该是系统开发的主体，是“演员”和“主角”；系统分析员作为高层技术人员，应成为开发工作的“导演”；其他的与会开发人员是理所当然的“配角”。切忌在需求获取阶段忽视用户业务人员的作用，由系统开发人员越俎代庖。

（二）客户访谈

为了获取全面的用户需求，光靠联合分析小组中的用户代表是不够的，系统分析员还必须深入现场，同用户方的业务人员进行多次交流。根据用户将来使用软件产品的功能、频率、优先等级、熟练程度等方面的差异，将他们分成不同的类别，然后分别对每一类用户通过现场参观、个别座谈或小组会议等形式，了解他们对现有系统的问题和新功能等方面的看法。

客户访谈是一个直接与客户交流的过程，既可了解高层用户对软件的要求，也可以听取直接用户的呼声。由于是与用户面对面地交流，如果系统分析员没有充分的准备，容易引起用户的反感，从而产生隔阂，所以系统分析员必须在这个过程中尽快找到与用户的“共同语言”，与用户进行愉快的交谈。在与用户接触之前，系统分析员先要进行充分的准备：首先，必须对问题的背景和问题所在系统的环境有全面的了解；其次，尽可能了解将要会谈用户的个性特点及任务状况；最后，事先准备一些问题。在与用户交流时，应遵循循序渐进的原则，切不可急于求成，否则“欲速则不达”。

（三）问卷调查

所谓“问卷调查法”，是指开发方就用户需求中的一些个性化的、需要进一步明确的需求（或问题），通过采用向用户发问卷调查表的方式，达到彻底弄清项目需求的一种需求获取方法。这种方法适合于开发方和用户方都清楚项目需求的情况。由于开发方和客户方都清楚项目的需求，需要双方进一步沟通的需求（或问题）就比较少，通过采用这种简单的问卷调查方法就能使问题得到较好的解决。

（四）问题分析与确认

不要期望用户在一两次交谈中，就会对目标软件的需求阐述清楚，也不能限制用户在回答问题过程中的自由发挥。在每次访谈之后，要及时进行整理，分析用户提供的信息，去掉错误的、无关的部分，整理有用的内容，以便在下一次与用户见面时由用户确认。同时，准备下一次访谈时的进一步更细节的问题。如此循环，一般需要2～5次。

（五）快速原型法

通常，原型是指模拟某种产品的原始模型。在软件开发中，原型是软件的一个早期可运行的版本，它反映最终系统的部分重要特性。如果在获得一组基本需求说明后，通过快速分析构造出一个小型的软件系统，满足用户的基本要求，就会使得用户可在试用原型系统的过程中得到亲身感受并受到启发，做出反应和评价，然后开发者根据用户的意见对原型加以改进。随着不断试验、纠错、使用、评价和修改，获得新的原型版本。如此周而复始，逐步减少分析和通信中的误解，弥补不足之处，进一步确定各种需求细节，适应需求的变更，从而提高最终产品的质量。

作为开发人员和用户的交流手段，快速原型可以获取两个层次上的需求：第一层包括设计界面，这一层的目的是确定用户界面风格及报表的版式和内容；第二层是第一层的扩展，用于模拟系统的外部特征，包括引用了数据库的交互作用及数据操作、执行系统关键区域的操作等，此时用户可以输入成组的事务数据，执行这些数据处理的模拟过程，包括出错处理。

在需求分析阶段采用快速原型法，一般可按照以下的步骤进行：

①利用各种分析技术和方法，生成一个简化的需求规约；

②对需求规约进行必要的检查和修改后，确定原型的软件结构、用户界面和数据结构等；

③在现有的工具和环境的帮助下，快速生成可运行的软件原型并进行测试、改进；

④将原型提交给用户评估并征求用户的修改意见；

⑤重复上述过程，直到原型得到用户的认可。

由于开发一个原型需要花费一定的人力、物力、财力和时间，而且用于确定需求的原型在完成使命后一般就被丢弃，因此是否使用快速原型法必须考虑软件系统的特点、可用的开发技术和工具等方面。

先进的快速开发技术和工具是快速原型法的基础。如果为了演示一个系统功能，需要手工编写数千行甚至数万行代码，那么采用快速原型法的代价就太大了，没有现实意义。为了快速开发出系统原型，必须充分利用快速开发技术和复用软件构件技术。

1984年，Boar提出了一系列选择原型化方法的因素，包括应用领域、应用复杂性、客户特征以及项目特征。如果是在需求分析阶段要使用原型化方法，就必须从系统结构、逻辑结构、用户特征、应用约束、项目管理和项目环境等多方面来考虑，以决定是否采用原型化方法。

①系统结构。联机事务处理系统、相互关联的应用系统适合于用原型化方法，而批处理、批修改等结构不适宜用原型化方法。

②逻辑结构。有结构的系统，如操作支持系统、管理信息系统、记录管理系统等适合于用原型化方法，而基于大量算法的系统不适宜用原型化方法。

③用户特征。不满足于预先做系统定义说明、愿意为定义和修改原型投资、不易肯定详细需求、愿意承担决策的责任、准备积极参与的用户是适合于使用原型的用户。

④应用约束。对已经运行系统的补充，不能用原型化方法。

⑤项目管理。只有项目负责人愿意使用原型化方法，才适合于用原型化的方法。

⑥项目环境。需求说明技术应该根据每个项目的实际环境来选择。

当系统规模很大、要求复杂、系统服务不清晰时，在需求分析阶段先开发一个系统原型是很值得的，特别是当性能要求比较高时，在系统原型上先做一些试验也是很必要的。

为了有效实现软件原型，必须快速开发原型，以使客户可以评估其结果并及时变更。可以使用 3 类方法和工具来进行快速原型的实现。

①第四代技术（4GT）。第四代技术包含广泛的数据库查询和报表语言、程序和应用生成器，以及其他高级的非过程语言。4GT 使软件工程师能快速生成可执行代码，因此它们是理想的快速原型实现工具。

②可复用软件构件。结合原型实现方法和程序，构件复用只能在一个库系统已经被开发，存在可以被分类和检索的构件的情况下，才可以有效地工作。特殊的是，现有的软件产品可被用作“新的、改进的”替代产品的原型，这在某种意义上也是一种软件原型实现的复用形式。

③形式化规约和原型实现环境。过去几十年中，已经开发出了一系列的形式化规约语言和工具来替代自然语言规约技术。现在，正在继续开发交互式的环境，使得分析员能够交互地创建基于语言的系统或者软件规约；激活自动工具把基于语言的规约翻译成可执行代码，使得客户可以使用原型可执行代码去精化形式化需求。

二、分析人员与用户的合作关系

深入实际是一项能了解社会和机构需求的观察技术，分析人员把自己放在待建系统的工作环境中，观察、记录参与者的实际任务。深入实际的价值是它能帮助分析人员发现隐性的系统需求，这些需求是实际存在的，但却是非规范化的。

优秀的软件产品是建立在优秀的需求基础之上的，而高质量的需求来源于客户与开发人员之间有效的交流与合作。通常，开发人员与客户间反而会成为一种对立关系，双方的管理者都只想自己的利益而搁置用户提供的需求，从而产生摩擦。在这种情况下，不会给双方带来一点益处。

由于项目压力与日渐增，所有风险承担者的共同的目标容易被遗忘。其实大家都想开发出一个既能实现商业价值，又能满足用户需要，还能使开发者感到满足的优秀软件产品。只有当双方参与者都明白要成功自己需要什么，同时也知道要成功使用方需要什么时，才能建立起一种合作关系。

下面列出 9 条在项目需求工程实施中，客户与分析人员、开发人员交流时的合法要求：

（1）要求分析人员使用符合客户语言习惯的表达

需求讨论集中于业务需要和任务，故要使用业务术语，客户可将其教给分析人员。不应要求客户一定要懂得计算机的行业术语。

（2）要求分析人员了解客户的业务及目标

通过与用户交流来获取用户需求，分析人员才能更好地了解客户的业务，以及使产品更好地满足客户需要的方法。开发人员和分析人员可以亲自去观察客户是怎样工作的。如果新开发系统是用来替代已有的系统，那么开发人员应先熟悉目前的系统，这将有利于他们明白目前系统是怎样工作的，明白系统工作流程及可供改进之处。

（3）要求分析人员编写软件需求规约

分析人员要把从客户那里获得的所有信息进行整理，区分开业务需求及规范、功能需求、质量目标、解决方法和其他信息。通过这些分析就能得到一份软件需求规约。然后要评审编写出的规约，确保它们准确而完整地表达了客户的需求。一份高质量的软件需求规约有助于开发人员开发出用户真正需要的产品。

（4）要求得到需求工作结果的解释说明

分析人员可能采用了多种图表作为文字性软件需求规约的补充，客户很可能对此并不熟悉，可以要求分析人员解释说明每张图表的作用或其他的需求开发工作结果和符号的意义，以及怎样检查图表有无错误和不一致等。

（5）要求开发人员尊重客户的意见

如果用户与开发人员之间不能相互理解，关于需求的讨论就会有障碍。共同合作能使大家“兼听则明”。参与需求开发过程的客户有权要求开发人员尊重他们，并珍惜他们为项目成功所付出的时间。同样，客户也应对开发人员为项目成功这一共同目标所做出的努力表示尊重与感激。

（6）要求开发人员对需求及产品实施提供建议，拿出主意

通常，客户所说的“需求”已是一种实际可能的实施解决方案，分析人员将尽力从这些解决方案中了解真正的业务及其需求，同时还应找出已有系统不适合当前业务之

处，以确保产品不会无效或低效。在彻底弄清业务领域内的事情后，分析人员有时就能提出相当好的改进方法。有经验且富有创造力的分析人员还能增加一些用户并未发现的很有价值的系统特性。

（7）描述产品易使用的特性

客户可以要求分析人员在实现功能需求的同时注重软件的易用性，因为这些易用性或质量属性能使用户更准确、高效地完成任务。例如，客户有时要求产品要“友好”“健壮”“高效率”，但这对于开发人员来说，太主观且并无实用价值。正确的特性应是：分析人员通过询问和调查了解客户所要求的“友好”“健壮”“高效率”所包含的具体特性。

（8）调整需求，允许重用已有的软件构件

需求通常要有一定的灵活性。分析人员可能发现已有的某个软件构件与客户描述的需求很相符，在这种情况下，分析人员应提供一些修改需求，以便开发人员能够在新系统开发中重用一些已有的软件。如果有可重用的机会，同时客户又能调整自己的需求说明，那就能降低成本和节省时间，而不必严格按原有的需求说明开发。

（9）获得满足客户功能和质量要求的系统

每个人都希望项目获得成功，但这不仅要求客户要清楚地告知开发人员关于系统“做什么”所需的所有信息，而且还要求开发人员能通过交流进行取舍与限制。一定要明确说明客户的假设和潜在的期望，否则开发人员开发出的产品很可能无法让客户满意。

同时，在软件需求获取过程中客户有下列义务：

（1）给分析人员讲解自己的业务

分析人员要了解客户讲解的业务概念及术语，但不要指望分析人员会成为该领域的专家。不要期望分析人员能把握业务的细微与潜在之处，他们很可能并不知道那些对于客户来说理所当然的“常识”。

（2）抽出时间清楚地说明并完善需求

客户很忙，经常在最忙的时候还得参与需求开发。但无论如何，客户有义务抽出时间参与“头脑风暴”会议的讨论，接受采访或其他获取需求的活动。有时分析人员可能自以为明白了客户的观点，而过后发现还需要客户的讲解，这时应耐心对待需求和需求的精化工作过程中的反复，因为它是人们交流中很自然的现象，何况这对软件产品的成功极为重要。

（3）准确而详细地说明需求

编写一份清晰、准确的需求文档是很困难的。由于处理细节问题是烦琐而耗时的，故很容易留下模糊不清的需求。但是，在开发过程中，必须得解决这种模糊性和不准确性，而客户恰是解决这些问题的最佳人选。在需求规约中暂时加上待定（To Be Determined，TBD，也可采用汉语拼音略写为 DQD，待确定）标志是个不错的办法，用该标志可指明那些需要进一步探讨、分析或增加信息的地方。不过，有时也可能因为某个特殊需求难以解决或没有人愿意处理它而注上 TBD 标志。尽量将每项需求的内容都阐述清楚，以便分析人员能准确地将其写在软件需求规约中。

（4）及时地做出决定

分析人员会要求客户做出一些选择和决定，这些决定包括来自多个用户提出的处理方法或在质量特性冲突和信息准确度中选择折中方案等。有权做出决定的客户必须积极地对待这些选择，尽快做决定，因为开发人员通常只有等客户做出了决定后才能行动，而这种等待会延误项目的进展。

（5）尊重开发人员的需求可行性及成本评估

所有的软件功能都有其成本价格，开发人员最适合预算这些成本。客户所希望的某些产品特性可能在技术上行不通，或者实现它要付出极为高昂的代价。而某些需求试图在操作环境中要求达到不可能实现的性能或试图得到一些根本得不到的数据，开发人员会对此做出负面的证明或提出实现上便宜的需求。例如，要求某个行为在“瞬间”发生是不可行的，但考虑另一种更具体的时间需求说法（如在 50 ms 以内），这就可以实现了。

（6）划分需求优先级别

大多数项目没有足够的时间或资源来实现每个功能性的细节。决定哪些特性是主要的，哪些是次要的，是需求开发的主要部分，只能由客户来负责设定需求优先级，因为开发者并不一定能完全按照客户的观点决定需求优先级。开发者可为客户确定优先级提供每个需求的花费和风险的信息，在时间和资源限制下，关于所需特性能否完成或完成多少应该尊重开发人员的意见。业务决策有时不得不依据优先级来缩小项目范围、延长工期、增加资源或在质量上寻找折中。

（7）评审需求文档和原型

无论是用正式的还是非正式的方式，对需求文档进行评审都会对软件质量提高有所帮助。让客户参与评审才能真正鉴别需求文档是否完整、正确地说明了需求的必要特性。

评审也给客户代表提供一个机会，给需求分析人员带来反馈信息以改进他们的工作。如果客户认为编写的需求文档不够准确，就有义务尽早告诉分析人员并为改进提供建议。只通过阅读需求规约，是很难想象实际的软件是什么样子的。更好的方法是先为产品开发一个原型，这样客户就能提供更有价值的反馈信息给开发人员，帮助他们更好地理解需求。

（8）需求出现变更要马上联系

不断的需求变更会给在预定计划内完成高质量产品的目标带来严重的负面影响。变更是不可避免的，但在开发周期中变更出现越晚，其影响越大。变更不仅会导致代价极高的返工，而且工期也会被迫延误，特别是在大体结构已完成后又需要增加新特性时。因此，一旦发现需要变更需求时，应立即通知分析人员。

（9）应遵照开发组织处理需求变更的过程

为了将变更带来的负面影响减少到最低限度，所有的参与者必须遵照项目的变更来控制过程。这就要求不放弃所有提出的变更，并对每项变更进行分析、综合考虑，最后做出合适的决策，确定将哪些变更引入项目中。

（10）尊重开发人员采用的需求工程过程

软件开发中最具挑战性的莫过于收集需求并确定其正确性。分析人员采用的方法有其合理性，也许客户认为需求过程不太划算，但应该相信花在需求开发上的时间是“很有价值”的。如果能理解并支持分析人员为收集、编写需求文档和确保其质量所采用的技术，那么整个过程将会更为顺利。

（11）顾客参与度低

系统分析人员在开发过程中可能会遇到这样的问题，一些很忙的客户可能不愿意积极参与需求分期过程，而缺少客户参与将很可能导致不理想的产品，故一定要确保需求开发中的主要参与者都了解并履行他们的义务。如果遇到分歧，通过协商以达成对各自义务的相互理解，这样能减少今后的摩擦。

三、需求获取的重要性

需求获取可能是软件开发中最困难、最关键、最易出错且最需要交流的流程。需求获取只有通过客户与开发者的有效合作才能成功。分析者必须建立一个能对与产品有关问题进行探讨的环境。为了方便清晰地进行交流，需要进行分组，而不是假想所有的参与者都持有相同的看法。

需求获取是一个需要高度合作的活动，并不是客户所说的需求的简单拷贝。分析人员必须通过客户提出的表面需求去理解他们的真正需求。询问一个可扩充的问题将有助于理解用户目前的业务过程，并且知道新系统如何帮助或改进他们的工作。

需求获取利用了所有可用的信息来源，这些信息描述了问题域或在软件解决方案中合理的特性。研究表明：比起不成功的项目，一个成功的项目需要开发者和客户之间采用更多的交流方式。与单个客户或潜在的用户组一起座谈，对于业务软件包或信息管理系统的应用来说是一种传统的需求来源。

在每一次座谈之后，记下所讨论的条目，并请参与讨论的用户评论并更正。及早并经常进行座谈是需求获取成功的一个关键途径，因为只有提供需求的人才能确定是否真正获取需求。进行深入收集和分析以消除任何冲突或不一致性，尽量理解用户表述他们需求的思维过程。充分研究用户执行任务时做出决策的过程，并提取出潜在的逻辑关系。流程图和决策树是描述这些逻辑决策途径的好方法。

当进行需求获取时，应避免受不成熟的细节的影响。在对契合的客户任务取得共识之前，用户能很容易地在一个报表或对话框中列出每一项的精确设计。如果这些细节都作为需求记录下来，它们会给随后的设计过程带来不必要的限制。应确保用户参与者将注意力集中在与所讨论的话题适合的抽象层上。

第三节　需求分析

前面提到的“软件危机”在本质上是需求危机，而需求危机实际上是交流危机。为了消除“软件危机”，就需要在软件工程师和最终用户之间架起一座“桥梁”以便于沟通，并使最终用户也参与项目的开发。

一、软件需求分析

在大型系统中软件的总体角色是在系统工程过程中标识的。但是，为了更仔细地考察软件的角色——了解为了创建高质量软件所必须达到的特定需求，这就需要进行软件需求分析的工作。

需求分析是发现、求精、建模和规约的过程。最初由系统工程师创建所需数据、信息和控制流以及操作行为的模型，并分析可选择的解决方案，进而创建完整的分析模型。

需求分析是一种软件工程活动，它在系统级需求工程和软件设计间起到“桥梁”的作用。需求工程活动产生软件的运行特征（功能、数据和行为）的规约，指明软件与其他系统元素的接口并建立软件必须满足的约束。需求分析允许软件工程师（这时称为分析员）精化软件，分配并建造软件处理的数据领域、功能领域和行为领域的模型。需求分析为软件设计者提供了可被翻译成数据设计、体系结构设计、接口设计和构件级设计的信息、功能和行为的表示。最后，需求规约为开发者和客户提供了一种软件建造完成后评估质量的工具。

（一）需求分析阶段的工作

软件需求分析阶段的工作可分为五个方面。

1.问题识别

首先，分析员研究系统规约和软件项目计划，在系统语境内理解软件和评审，要确定对目标系统的综合要求，并提出这些需求实现条件以及需求应达到的标准。这些需求包括功能需求、性能需求、环境需求、可靠性需求、安全保密要求、用户界面需求、资源使用需求、软件成本消耗与开发进度需求。要预先估计以后系统可能达到的目标。此外，还需要注意其他非功能性的需求，如针对采用某种开发模式确定质量控制标准、里程碑和评审、验收标准、各种质量要求的优先级以及可维护性方面的需求。

接着，要建立分析所需要的通信途径，以保证能顺利地对问题进行分析，其目标是对用户/客户认识到的基本问题元素的识别。

2.评估和综合

问题评估和方案综合是需求分析的下一个工作。分析员必须定义所有外部可观察的数据对象，评估信息流和内容，定义并详细阐述所有软件功能，在影响系统的事件的语境内理解软件行为，建立系统接口特征以及揭示其他设计约束。例如，从信息流和信息结构出发，逐步细化所有的软件功能，找出系统各元素之间的联系、接口特性和设计上的限制；判断是否存在因片面性或短期行为而导致的不合理的用户要求，是否有用户尚未提出的真正有价值的潜在要求；剔除其不合理的部分，增加其需要的部分。最终综合成系统的解决方案，给出目标系统的详细逻辑模型。以上每一个任务的目的都是描述问题，以得出全面的方法或解决方案。

通过对当前问题和希望信息（输入和输出）的评估，分析员开始综合一个或多个解决方案。开始时，需要详细定义系统的数据对象、处理功能和行为，然后要考虑实现时的基本体系结构。

3.建模

在整个评估和综合过程中，分析员主要关注的是“做什么”，而不是“怎么做”。例如，系统生产和消费什么数据，系统必须完成什么功能，需要定义什么接口，使用什么约束等。

在评估和综合解决方案的活动中，分析员还要创建系统模型，以便更好地理解数据和控制流、功能处理、行为操作以及信息内容。该模型补充了自然语言的需求描述，作为软件设计以及创建软件规范的基础。在软件需求规约中建议包含两个高层次的模型：一个表示系统运行环境的模型，一个说明系统如何分解为子系统的体系结构模型。

如果希望使用面向对象的开发过程，需要建立开发对象模型，它仅仅是在某一种程度上集成了行为和结构信息的系统模型。

4.规约

在需求分析阶段，客户可能并不能精确地肯定需要什么，开发者也可能还无法确定哪种方法能适当地完成所要求的功能和性能，所以在本阶段不可能产生详细的规约。

5.评审

作为需求分析阶段工作的复查手段，应该对功能的正确性、文档的一致性、完备性、准确性和清晰性以及其他需求给予评审。为保证软件需求定义的质量，评审应由专门指定的人员负责，并按规程严格进行。评审结束应有评审负责人的结论意见及签字。除分析员之外，用户/需求者、开发部门的管理者、软件设计、实现、测试的人员都应当参加评审工作。

（二）用户需求和系统需求

在需求工程中一般通过用户需求来表达高层的概要需求，通过系统需求来表达对系统应该提供哪些服务的详细描述。同时，还需一个更详细的软件设计描述来连接需求工程和设计活动。下面来阐述一下用户需求和系统需求的定义。

1.用户需求

用户需求是指用自然语言加图表的形式给出的关于系统需要提供哪些服务，以及系统操作受到哪些约束的声明。

用户需求定义中的软件必须提供表达和访问外部文件的手段。这些外部文件是由其他工具创建的。

用户需求是为客户和承包商管理者写的，因为他们一般不具备具体技术细节方面的知识；软件需求规约描述是为高级技术人员和项目管理者写的，这些技术人员既包括客户方的，也包括承包商方的。系统最终用户可能两个文档都要读。

具体地说，用户需求应从用户角度来描述系统功能和非功能需求，使不具备专业技术知识的用户能看懂，所以这样的需求描述只描述系统的外部行为，而避免对系统设计特性的描述。因此，用户需求就不能使用任何实现模型来描述，而是使用自然语言、图表和直观图形来叙述。但是，使用自然语言来书写用户需求，又会出现一些问题：

（1）描述不够清楚

使用自然语言描述，往往不容易做到既精确无歧义，又避免晦涩难懂。

（2）需求混乱

功能需求、非功能需求、系统目标和设计信息无法清晰地区分。

（3）需求混合

多个不同的需求可能被搅在一起，以一个需求的形式给出。

在需求文档中，将用户需求和细节层次需求描述分开表述是很好的做法，因为用户需求的非技术类读者真正想看的只是一些概念性的内容，而不是那些技术细节。如果用户需求包括太多的信息，它就会限制系统开发者解决问题的创意且使需求难以理解，所以用户需求应当集中在需要提供的主要服务上。

在书写用户需求时，为了减少理解偏差，应该遵守一些简单的原则：

①保证所有的需求定义都按照一个标准的格式来书写，这样不易发生遗漏，且更容易检查需求。使用一致的语言，并区分强制性和希望性的需求。

②定义强制性需求时要使用“必须”，定义希望性需求时使用“应该”。

③使用黑体或斜体加亮文本来突出显示关键性的需求。

除了在应用领域的技术条款描述之外，尽量避免使用计算机专业术语。

2.系统需求

系统需求又称软件需求规约，详细地给出了系统将要提供的服务以及系统所受到的约束。系统需求文档有时称为功能描述，应当非常精确，它可能成为系统买方和软件开发者之间合同的主要内容。

系统需求描述要为用户提供定义外部文件类型的工具，每种外部文件类型具有一个相关联的工具，且每种外部文件类型在界面上都用一种专门的图标来表示。当用户选择一个代表外部文件的图标时，就把与该外部文件类型相关联的工具启动起来。

相对来说，系统需求是用户需求更为详细的需求描述，是系统实现的基本依据，也是系统设计的起点，所以它必须是一个完备的、一致的系统描述。在描述时，它原则上应该陈述系统该做什么，而不包括系统应该如何实现。但是，要在细节层次上给出系统完善的定义，不得不提到设计信息，原因如下：

先要给出系统初始的体系结构，才能构造需求描述。系统需求要按照构成系统的不同子系统结构来给出。大多数情况下，系统和其他已存在的系统间存在互操作，这些约束又构成了新系统的需求。有时系统的外部需求会要求使用一些特别的设计方法。

系统需求经常使用自然语言来书写，但是涉及更详细的描述时，就会暴露出一些深层次的问题，使得这种需求描述容易引起误解，进而增加解决问题的费用。原因是自然语言的理解依赖于读者和作者对同一个术语有一致的解释，以消除自然语言的二义性带来的理解偏差。使用自然语言书写需求描述的随意性太大且需求很难模块化，因为这样描述需求极难发现相关性，不得不逐个进行分析。

二、需求和系统模型之间的关系

（一）关系原因

基于以下原因，需要确定项目相关人员使用自然语言描述的需求同说明这个系统的具体模型之间的关系。

①将抽象的需求跟系统模型联系起来，会增加系统的可跟踪性——在用户需求发生

改变时，便于评估需求变更的影响以及估计变更成本。

②开发系统模型时，经常会揭示需求问题。显然，需求和模型之间的直观联系有助于交叉检验模型相关需求。

③需求和系统模型之间直观的联系会减少需求规约发生偏差的可能性。当需求分析人员过于关注一份具体规约的开发而忽视了项目相关人员真正的要求时，往往会发生一些偏差。

④需求规约的读者很容易就能发现将自然语言的需求具体化的系统模型。

（二）映射关系

需求和系统模型之间有4种可能的映射关系（假设每项需求和每个系统模型都能够被引用）：

1∶1：这种关系最简单，可在需求的语句旁边添加一条指向具体定义需求的系统模型的引用，在每一个模型中也可包括一个类似的指向需求的引用。

1∶M：一项需求可以映射为多个系统模型。这时，需求和相关模型之间的联系可以通过给需求增加一个模型标识符列表来表示。

M∶1：一个系统模型可以详细地说明多个需求。这时较为复杂，需要给每项需求添加指向这个系统模型的引用，并在模型中增加解释性的文字以说明模型的各个部分是如何同需求相关联的。

M∶N：使用一组系统模型来说明一项需求，而这些系统模型同时还包含了其他系统需求的信息。这种情况最为常见，也最为复杂，必须解释在每个系统模型中分别说明了每项需求的哪些方面，同时在每个系统模型中，必须包含对它所说明的需求的引用，并解释它对需求的哪些部分做了说明。

可跟踪性矩阵只能描述从模型的组成部分到各个需求之间的简单映射关系，而一些大规模的CASE工具通过一个信息库来存放系统所有信息，可以从需求数据库的各个需求找到相应的模型来描述。但是工具的购买和使用成本非常高，对于开发中小规模的系统不划算。

系统体系结构模型与需求之间不存在简单的联系，不适于更详细地说明需求，但是能有助于划分需求，以便了解系统以及它对组织业务目标的帮助。

需要注意的是，在需求工程过程中需要大量的时间创建和维护需求同具体的系统模型之间的联系，但却不能从这些信息中获得短期收益。因此，需要对需求工程师做职业精神动员，并把模型和需求之间的联系放在需求确认过程中去检查。

第四节　结构化分析方法

一、结构化分析

（一）结构化分析的定义

结构化分析最初由 Douglas Ross 在 20 世纪 60 年代后期提出，由 Tom De Marco 进行了推广。在 20 世纪 80 年代中期由 Ward 和 Mellor 以及后来的 Hatley 和 Pirbhai 引入了实时“扩展”，形成了今天的结构化分析方法的框架。

结构化分析是一种建立模型的活动，通过数据、功能和行为模型来描述必须被建立的要素。结构化分析方法能够很好地向系统设计过渡，而且它提供的向导和支持可以帮助经验和技巧不足的人员开发高质量的系统模型。

分析模型要达到 3 个主要目标：描述客户的需求，建立软件设计的基础，定义在软件完成后可被确认的一组需求。

（二）结构化分析模型工具

模型的核心是数据词典，它包含了在目标系统中使用或生成的所有数据对象的描述的中心存储库。围绕这个核心有 3 种图：“实体—关系”图（ERD），描述数据对象及数据对象之间的关系；数据流图（DFD），指明数据在系统中移动时如何被变换，以及描述对数据流进行变换的功能（和子功能）；状态变迁图（STD），指明系统对外部事件如何响应、如何运作。

因此，ERD 用于数据建模，DFD 用于功能建模，STD 用于行为建模。

1.“实体—关系”图（ERD）

通过 ERD 以图形方式表示的“实体—关系”对是数据模型的基础。ERD 的主要目的是表示数据对象及其关系，它识别了一组基本成分：数据对象、属性、关系和各种类型指示符。

数据对象的连接和关系使用各种指示基数和形态的代数符号来建立。

数据模型和“实体—关系”图向分析员提供了一种简明的符号体系，以便在数据处理应用的语境中考察数据。多数情况下，数据建模方法用来创建一部分分析模型，但它也可用于数据库设计，并支持任何其他的需求分析方法。

ERD 使软件工程师可以使用图形符号来标识数据对象及它们之间的关系。在结构化分析的语境中，ERD 定义了应用中输入、存储、变换和产生的所有数据，因此它只关注于数据，对于数据及其之间关系比较复杂的应用特别有用。

（1）数据对象

数据对象几乎可以表示任何被软件理解的复合信息（复合信息是指具有若干不同特征或属性的事物）。数据对象可以是外部实体、事物、角色、行为或事件、组织单位、地点或结构。它描述对象及其所有属性，只封装数据而没有包含指向作用于数据的操作的引用。这与面向对象范型中的类或对象不同。具有相同特征的数据对象组成的集合仍然称为数据对象，其中的某一个对象叫作该数据对象的一个实例。

（2）属性

属性定义了数据对象的特征。它可以为数据对象的实例命名，描述这个实例以及建立对另一个表中的另一个实例的引用。另外，还应把数据对象中的一个或多个属性定义为标识符以唯一标识数据对象的某一个实例。标识符属性称为键（Key）或者关键码，书写为_id，例如在“学生”数据对象中用“学号”做关键码，可唯一地标识一个“学生”数据对象中的实例。

（3）关系

数据对象可通过多种方式互相连接。如一个学生“刘宇”选修“数据挖掘”与“系统仿真导论”两门课程，学生与课程的实例通过“选修”关联起来。实例的关联有 3 种：一对一（1∶1）、一对多（1∶N）和多对多（M∶N）。这种实例的关联称为“基数”。基数是关于一个对象可以与另一个对象相关联的出现次数的规约，它表明了“重复性”。如 1 位教师带一个班的 50 位同学，就是 1∶N 的关系，但也有 1 位教师带 0 位同学的情形，所以实例关联有“可选”和“必须”之分，用“O”表示关系是可选的，用“|”表示关系必须出现 1 次，三叉表示出现多次。

基数定义了可以在一个关系中参与的对象关联的最大数目，但它没有指出一个特定的数据对象是否必须参与在关系中。为此，数据模型在“关系—对象”对中引入了形态

（Modality）的概念。

（4）形态

如果对关系的出现没有显示的需要或关系是可选的，关系的形态是 0；如果关系必须有一次出现，则形态是 1。例如，某电信公司的区域服务软件，对于一个客户指出的一个问题，如果诊断出此问题相对简单，只需要进行一次简单的修理行为；如果问题很复杂，则需要多个修理行为。

2. 数据流图（DFD）

结构化分析最初是作为信息流建模基数的。矩形用于表示外部实体，即产生被软件变换的信息或接收被软件生产的信息的系统元素或另一个系统；圆圈表示被应用到数据（或控制）并以某种方式改变它的加工或变换；箭头表示一个或多个数据项（数据对象）；双线表示数据存储，即存储软件使用的信息。

系统的功能体现在核心的数据变换中。需要注意，该图中一直隐含着处理顺序或条件逻辑，通常直到系统设计时才出现显式的逻辑细节。

功能建模的思想就是用抽象模型的概念，按照软件内部数据传递、变换的关系，自顶向下逐层分解，直到找到满足功能要求的所有可实现的软件为止。根据 DeMarco 的论述，功能模型使用了数据流图来表达系统内数据的运动情况，而数据流的变换则用结构化英语、判定表与判定树来描述。

3.状态变迁图（STD）

状态变迁图（STD）用于行为建模。行为建模给出需求分析方法的所有操作原则，但只有结构化分析方法的扩充版本才提供这种建模符号。

二、使用 PDL 描述需求

为了解决自然语言描述固有的二义性问题，可以使用程序描述语言来描述需求，这样的语言称为 PDL（Procedure Design Language）。PDL 起源于 Java 或 Ada 这样的程序设计语言，包含附加的、更抽象的构造来提高其表达能力。可以使用软件工具对其进行语法和语义检查，以发现需求的遗漏和不一致。

由 PDL 语言能得到非常详细的需求描述，有时它们与需求文档中的内容已经非常接近。在以下情况下推荐使用 PDL 语言：

①当操作能分解为一个比较简单的动作序列，并且执行顺序非常重要的时候。

②当硬件和软件的接口已经被定义了的时候。在许多情况下，子系统之间的接口在系统需求描述中已被定义，使用 PDL 可以定义接口对象和类型。

③使用 PDL 叙述需求能进一步减少二义性，而且更容易理解。如果 PDL 是基于实现语言的，从需求到设计就有了一个自然的过渡，误解的可能性就大大减少。

但是这种需求描述方法也有其缺点：

①这种语言表达系统功能的能力不够充分；

②使用的符号语言只有那些具有程序语言知识的人们才可以理解；

③需求被看成了一个设计描述的过程，而不是帮助用户了解系统的一个模型。

该方法的一个有效使用方式是将它与结构化自然语言结合使用：采用基于格式的方法来定义系统的总体框架，然后用 PDL 更详细地定义控制序列和接口。

三、接口描述

绝大多数软件系统要与其他已实现或正运行着的系统进行交互，如果它们要一起工作，就必须精确地定义已存在的系统接口。这些描述在需求过程的早期阶段就应该给出，也可在需求文档或规约中以附录的形式给出。

必须定义 3 种类型的接口：

①程序接口，指的是已存在的子系统提供的子程序接口，通过调用这些接口过程来执行子系统提供的服务。

②数据结构，指的是从一个子系统到其他子系统之间的数据交换所使用的数据结构。基于 Java 的 PDL 可以描述这样的数据结构，用类来定义，属性表示结构中的域。也可以使用“实体—关系”图来描述数据结构。

③数据的表示（例如位元的顺序），指的是一个已存在的子系统建立的数据表示。Java 不支持这样详细的表达描述，所以基于 Java 的 PDL 不适用于此种情况。

形式化符号方法也能够无二义性地定义接口，但是因其专业化的特点而很难被更多的人掌握。虽然它是理想的工具，却很少用于实际的接口描述。PDL 接口描述的形式化程度较低，在可理解性和精确性之间作了折中，但是通常要比自然语言接口描述更为精确。

第五节　需求描述与评审

通过与用户的沟通和交流，分析人员最终获取了用户的需求。那么如何对用户的需求进行描述？希望下面的方法能提供帮助。

需求开发的最终成果是客户和开发小组对将要开发的产品达成一致协议。协议综合了功能需求、非功能需求和领域需求。分析人员必须依据使用实例对用户需求进行分析建模，进而生成分析模型。根据需求分析方法的不同，分析建模可划分为形式化规范说明、结构化分析模型以及面向对象分析模型。

一、制定软件需求规约的原则

1979 年 Balzer 和 Goldman 提出了一系列规约原则：

①功能与实现分离，即描述要“做什么”，而不是“怎样实现”。

②开发一个系统期望行为的模型，该模型包含系统对来自环境的各种刺激的数据和功能反应。

③通过刻画其他系统构件和软件交互的方式，建立软件操作的语境。

④定义系统运行的环境。

⑤创建认知模型，而不是设计或实现模型，该认知模型按照用户感觉系统的方式来描述系统。

⑥规约必定是不完整的，并允许扩充。它总是某个通常相当复杂的现实（或想象）情形的一个抽象，所以它是不完整的，并将存在于多个细节层次。

⑦建立规约的内容和结构，并使它能够适应未来的变化。

⑧以上基本规约原则为表示软件需求提供了基础。在具体实现时，要注意一些表示需求的基本指导原则。

⑨表示格式和内容应该同问题相关。可以为软件需求规约的内容指定一个通用的大

纲，但是包含在规约中的表示形式有可能随应用领域而发生变化。

⑩包含在规约中的信息应该是嵌套的。需求的表示应该展示信息的层次，以使得读者能够定位到需要的细节级别。可使用段落和图的编号模式来指明其细节层次，有时还需在不同的抽象层次表示相同的信息来帮助理解。

⑪图和其他符号形式应该在数量上有所限制并在使用上一致。混乱不一致的符号体系会妨碍理解并导致错误。

⑫表示应该是可修订的。规约的内容会发生变更，最好通过 CASE 工具来更新每次变更所影响的所有表示。

二、软件需求规约

软件需求规约（简称 SRS）是软件开发人员在分析阶段需要完成的文档，是分析任务的最终产物。通过建立完整的信息描述、详细的功能和行为描述、性能需求和设计约束的说明、合适的验收标准以及其他和需求相关的数据，给出对目标软件的各种需求。通俗地说，SRS 就是软件的定义。早在计划时期的“问题定义阶段”，开发方就与用户共同确定了“软件的目标和范围”。在分析阶段，上述目标与范围被细化为 SRS。

1.引言

引言主要叙述在问题定义阶段确定的关于软件的目标与范围，简要介绍系统背景、概貌、软件项目约束和参考资料等。

2.需求规约的主体描述

需求规约的主体描述是软件系统的分析模型，包括信息描述、功能描述和行为描述。这部分内容除了可用文字描述外，也可以附上一些图形模型，如 E-R 图、DFD、CFD 等。

（1）信息描述

信息描述是给出对软件所含信息的详细描述，包括信息的内容、关系、数据流向、控制流向和结构等。

（2）功能描述

功能描述是对软件功能要求的说明，包括系统功能划分、每个功能的处理说明、限制和控制描述等。对软件性能的需求包括软件的处理速度、响应时间和安全限制等内容，通常也在此叙述。

（3）行为描述

行为描述包括对系统状态变化以及事件和动作的叙述，据此可以检查外部事件和软件内部的控制特征。

3.质量描述

质量描述阐明在软件交付使用前需要进行的功能测试和性能测试，并且规定源程序和文档应该遵守的各种标准。这一节的目的是检验所交付的软件是否达到了 SRS 的规定。这可能是 SRS 中最重要的内容，但在实际工作中却容易被忽略，值得引起注意。

4.接口描述

接口描述包括系统的用户界面、硬件接口、软件接口和通信接口等的说明。

5.其他描述

其他描述是阐述系统设计和实现上的限制、系统的假设和依赖等其他需要说明的内容。

软件需求规约作为产品需求的最终成果必须具有综合性，应该包括所有的需求。开发者和客户不能做任何假设。如果任何所期望的功能或非功能需求未写入软件需求规约，那么它将不能作为协议的一部分并且不能在产品中出现。

三、需求标识方法

为了满足软件需求规约的可跟踪性和可修改性的质量标准，必须唯一确定每个软件需求。这可以使开发人员在变更请求、修改历史记录、交叉引用或需求的可跟踪矩阵中查阅特定的需求。要达到这一目的，用单一的项目列表是不够的。因此，下面将描述几个不同的需求标识方法，并阐明它们的优点与缺点。

1.序列号

最简单的方法是赋予每个需求一个唯一的序列号，如 SRS-13。当一个新的需求加入商业需求管理工具的数据库之后，这些管理工具就会为其分配一个序列号。序列号的前缀代表了需求类型，如 SRS 代表“软件需求说明”。由于序列号不能重用，所以把需求从数据库中删除时，并不释放其所占据的序列号，而新的需求只能得到下一个可用的序列号。这种简单的编号方法并不能提供任何相关需求在逻辑上或层次上的区别，而且需求的标识不能提供任何有关每个需求内容的信息。

2.层次化编码

层次化编码是最常用的方法。例如，功能需求出现在软件需求规约中第3.2部分，则可以采用“3.2.4.3”这样的标识号。标识号中的数字越多则表示该需求越详细，属于较低层次上的需求。即使在一个中型的软件需求规约中，这些标识号也会扩展到许多位数字，并且这些标识也不提供任何有关每个需求目的的信息。如果要插入一个新的需求，那么该需求所在部分其后所有需求的序号将要减少。对于这种简单的层次化编号的一种改进方法是对需求中主要的部分进行层次化编号，然后对每个部分中的单一功能需求用一个简短文字代码加上一个序列号来识别。

3. TBD

在编写SRS时，可能会发现缺少特定需求的某些信息，在解决这个不确定性之前，必须与客户商议，检查与另一个系统的接口或者定义另一个需求。使用“待确定”(TBD)符号作为标准指示器来强调软件需求规约中这些需求的缺陷。通过这种方法，可以在软件需求规约中查找所需澄清需求的部分，记录谁将解决哪个问题、怎样解决及什么时候解决。把每个TBD编号记录并创建一个TBD列表，这有助于跟踪每个项目。

在继续进行构造需求集合之前，必须解决所有的TBD问题，因为任何遗留下来的不确定问题都将会增加出错的风险。当开发人员遇到一个TBD问题或其他模糊之处时，他可能不会返回到原始需求来解决问题。如果有TBD问题尚未解决，而开发人员又要继续进行开发工作，那么应尽可能推迟实现这些需求，或者解决这些需求的开放式问题，把产品的这部分设计得易于更改。

四、需求文档编写注意事项

编写优秀的需求文档没有现成固定的方法，最好是根据经验进行。经常总结编写SRS，对经验的积累是非常有益的。许多需求文档可以通过使用有效的技术编写风格和用户术语得以改进。在编写优秀的需求文档时，希望读者牢记以下几点：

①需求陈述应该具有一致的样式。通常“系统必须”或者“用户必须”应紧跟一个行为动作和可观察的结果，例如，“仓库管理子系统必须显示一张所请求的仓库中有存货的库存清单”。

②为了减少不确定性，必须避免模糊的、主观的术语。例如，用户友好、简单、有效、最新技术、优越的、可接受的等。当客户说“用户友好”或者“快”时，分析人员应该明确它们的真正含义并且在需求中阐明用户的意图。

③避免使用比较性的词汇，定量地说明所需要提高的程度或者说清一些参数可接受的最大值和最小值。当客户说明系统应该“处理”“支持”或“管理”某些事情时，分析人员应该能理解客户的意图。

④由于需求的编写是层次化的，因此可以把顶层不明确的需求向低层详细分解，直到消除不明确性为止。

⑤文档的编写人员不应该把多个需求集中在一个冗长的叙述段落中。在需求中诸如“和”“或”之类的连词就表明了该部分集中了多个需求。务必记住，不要在需求说明中使用“和/或”“等等”之类的连词。

第六节 需求验证与评审

一、需求有效性验证

需求有效性验证是要检验需求能否反映客户的意愿。它和需求分析有很多共性，都是要发现需求中的问题，但它们是截然不同的过程，前者关心的是需求文档完整的草稿，而后者关心的是不完整的需求。

需求有效性验证非常重要，如果在后续的开发或者系统投入使用时才发现需求文档中的错误，就会导致更大代价的返工。因需求问题而对系统做变更的成本要比修改设计或者代码错误的成本大得多，原因是需求的变化总是会改变相应的系统设计和实现，进而使系统必须重新测试。

在需求有效性验证过程中，要对需求文档中定义的需求执行多种类型的检查。

1.正确性检查

开发人员和用户都应复查需求，以确保将用户的需要充分、正确地表达出来。

2.有效性检查

某个用户可能认为系统应该执行某项功能，但是进一步思考分析后，可能发现还要增加另一些功能，或发现系统需要的其实是完全不同的功能。系统对其他用户也可能需要不同的功能。因此，任何一组需求都必须在不同用户之间协商确定。

3.一致性检查

需求不应该相互冲突，即对同一个系统功能不应出现不同的或相互矛盾的描述。

4.完备性检查

应该包括所有系统用户需要的功能和约束。在需求中应该对所有可能的状态、状态变化、转入、产品和约束都做出描述。

5.现实性检查

根据对已有技术的了解，检查需求以保证能使用现有的技术来实现。这些检查还要考虑到系统开发的预算和进度安排。

6.可检验性检查

为了减少在客户和开发商之间可能的争议，被描述的系统需求应该总是可以检验的，即能设计出一组检查方法来验证交付的系统是否能满足需求。

7.可跟踪性检查

检查是否每一系统功能都能被跟踪至它的需求集合。

二、有效需求的使用

下面一些需求有效性验证技术可以联合使用或者单独使用：

1.需求评审

由一组评审人员对需求进行系统性分析。

2.原型建立

为系统用户和最终用户提供一个可执行的系统原型，以此来实际检查系统是否符合他们真正的需要。

3.测试用例生成

理想情况下的需求是可测试的，这也是近几年软件工程新的热点之一。如果用测试作为需求有效性验证的方法，就要设计具体的测试方法，这样可以发现需求中的很多问题。如果一个测试的设计很困难或者不可能，通常意味着需求的实现将会很困难，应该重新考虑需求。

4.自动的一致性分析

如果需求采用结构化或者形式化的方法表示，并已经形成了系统模型，这时就可以用 CASE 工具来检验模型的一致性。

只有目标系统的用户才真正知道软件需求规约书是否完整、准确地描述了他们的需求。因此，检验需求的完整性，特别是证明系统确实满足用户的实际需要（即需求的有效性），只有在用户的密切合作下才能完成。然而，许多用户并不能清楚地认识到他们的需要（特别在要开发的系统是全新的时候，情况更是如此），不能有效地比较陈述的需求和实际需要的功能。只有当他们有某种工作着的软件系统可以实际使用和评价时，才能完整确切地提出需要。

理想的做法是先根据需求分析的结果开发出一个软件系统，请用户试用一段时间以便能认识到他们的实际需要是什么，在此基础上再写出正式的“正确的”规约书。但是，这种做法将使软件成本增加一倍，因此实际上几乎不可能采用这种方法。使用原型系统是一个比较现实的替代方法，开发原型系统所需要的成本和时间可以大大少于开发实际系统所需要的成本和时间。用户通过试用原型系统，也能获得许多宝贵的经验，从而可以提出更符合实际的要求。

需求有效性验证的困难不应被低估。论证一组需求是否符合用户需要是很困难的，用户需要勾画出系统的操作过程并构想出如何把系统应用到实际工作中去，这种抽象分析工作对一个有经验的计算机专家也很艰巨。结果往往是不可能发现所有的需求问题，需求确认之后不可避免地再发生一些遗漏和错误理解的变更。

第四章　结构化软件设计

系统分析阶段所完成的任务实际上是描述人们对系统的一种期望，它包括系统最终具有的形式和功能等，也就是人们对系统提出了一套结合客户实际要求的展望，用来确定待解决的问题，即说明待实现的系统要“做什么”。但是这个展望应该如何着手构建呢？采用什么样的手段、方法和技术来实现呢？这个问题就需要在设计阶段解决，也就是说软件设计阶段的任务是处理“如何做”的问题，它是一套解决问题的完整方案。

第一节　软件设计概述

软件设计阶段是需求阶段和实现阶段的接口，它要将需求阶段产生的需求文档为向可执行的代码转换而提出一套完整合理的解决方案。因此，软件设计阶段的输入是需求分析阶段产生的需求模型和系统需求规格说明书，输出是软件设计模型和系统设计文档。在软件设计的过程中，应该清楚软件设计的目标，理解软件设计的原理，按照软件设计的原则，选择一种合适的设计方法来完成软件的设计。

一、软件设计的目的

在分析阶段，系统分析员建立了系统的文档和模型，它们是设计阶段的输入。分析阶段需要建立模型表示真实的世界，以便理解业务过程以及这个过程中所用到的信息。基本上来说，分析首先是分解，即把一个复杂信息需求的综合问题分解成易于理解的多个小问题，然后通过建立需求模型，对问题领域进行组织、构造并编制文档。分析和建模要求用户参与，他们解释需求并验证建立的模型是否正确。设计也是一个建模活动，它使用分析阶段得出的信息（即需求模型），并把这些信息转换为称作解决方案的模型。该模型包括该目标系统有哪些组成部分、各部分如何组织在一起，以及每个部分如何构造。所以设计阶段的目标是定义、组织和构造将作为最终解决方案的系统的各个组成部分。

分析阶段的目标，即通过建立当前系统的物理模型，了解业务事件和过程；下一步通过建立当前系统的逻辑模型，抽象出系统的功能和处理的信息；然后建立目标系统的逻辑模型，说明目标系统的功能和处理的对象。有了上述分析阶段的成果作为输入，经过设计阶段的设计过程，输出系统解决方案的各组成部分和各部分的组织方式，即设计要完成的工作就是用一定的方法将分析模型转换为设计模型。

二、软件设计的原理

软件设计是软件开发的一个很重要的阶段，该阶段的产品为软件设计模型及文档，对前期和后期的工作有很大的影响。软件设计的结果如果不能够实现需求阶段定义的需求，则结束设计工作；软件设计的结果还作为实现、测试和维护的依据，所以会对设计方案进行论证，以寻找更适合的设计方案，并对设计方案进行优化，使其更好地满足软件需求和各种约束。

软件设计是一种非确定性的过程，不同的系统设计师对相同的需求可以得到不同的设计方案。既然软件设计是一个重要的阶段，该阶段又没有确定性的结果，那么就应该期望这个过程按照一定的原理进行，尽量使设计的结果可预期并且具有更好的质量。

在上述软件设计的过程中，在讲具体的软件设计方法之前，首先需要掌握一些软件设计的常用概念，它们会在今后的软件设计过程中不断出现，所以在本节中做了详细介绍。

在进行软件设计过程中将用到模块化、抽象、逐步求精、信息隐藏、控制层次等方法，并遵循模块独立性原理。

（一）模块化

模块化是指软件被划分成独立命名和可独立访问的被称作模块的构成成分，它们集合到一起满足问题的需求。

假设C（x）是定义问题x复杂性的函数，E（x）是定义解决问题x所需工作量（以时间计算）的函数。对于问题p_1和p_2，如果C（p_1）＞C（p_2），那么E（p_1）＞E（p_2）；还有一个特性：即如果C（p_1＋p_2）＞C（p_1）＋C（p_2），那么E（p_1＋p_2）＞E（p_1）＋E（p_2）；这就引出了“分而治之”的结论，这个理论可运用于软件的开发，意味着软件被划分为小的模块，那么开发小模块的工作量会变小。开发单个软件模块所需的工作量（成本）的确随着模块数量的增加会下降，给定同样的需求，更多的模块意味着每个模块的尺寸更小，然而随着模块数量的增加，集成模块所需的工作量（成本）也在增长。

（二）抽象

抽象源于哲学，它是一种解决问题的方法，即忽略事物的一些细节，只关注少数特性的解决问题的方法，这一方法目前已被应用于软件领域。开发人员对要解决的问题进行抽象，随着解决方案的提出，再逐渐考虑更多的细节。

“抽象”的心理学观念使人能够集中于某个一般性级别上的问题，而不去考虑无关的底层细节，这种解决问题的方式也可应用于软件领域。

在软件开发过程中，开发人员把待解决的软件问题划分为若干个子问题，这就相当于在原有的问题划分后的子问题的级别上考虑其解决方案。这就是将抽象的思维方式应用于软件开发领域，但软件过程中的每一个步骤都是软件解决方案抽象级别上的求精。在软件分析阶段，软件的解决方案通常使用问题领域中熟悉的术语来陈述；当进入设计阶段，抽象级别降低，就会采用软件开发领域的一些术语和工具表示；当进入源代码生成时，进入抽象的最低层次。

根据软件开发过程中抽象的对象不同，把抽象过程分为三方面：过程抽象、数据抽象和控制抽象。

过程抽象是对处理业务的过程进行抽象，最终形成函数或方法。例如，针对查询这个业务过程，随着对查询功能的不断分析与设计，查询过程分为：按书名查询、按作者查询、按出版社查询等；再具体点如按书名查询步骤，首先输入关键字，然后进行查询，最后显示查询结果。

数据抽象是对系统处理的对象进行抽象，最终形成数据库中的表、表的字段、类以及类的属性。例如，查询“书”，进一步详细定义其属性：书名、作者、出版社、出版日期、ISBN等；书名，进一步定义其长度为50个字符的字符串，这就是数据抽象的过程。

控制抽象是程序控制机制内部细节的设计。例如，模块之间的控制信息，模块内部的控制信息。

（三）逐步求精

逐步求精是由Niklaus Wirth最初提出的一种自顶向下设计策略，系统是通过过程细节的连续的层次精化开发的，层次结构通过逐步地分解功能的宏观声明直至形成程序设计语言的语句而开发。逐步求精实际是一个详细描述的过程，首先是一种初始的声明，然后随着后续的开发工作提供越来越多的细节。

逐步求精的思想应用于软件开发的整个过程。在需求分析阶段，对于功能的调研从系统的目的和范围入手，不断细化系统的功能，直到将用户要求的功能完全描述，写入需求规格说明书，并保证其完整、一致、没有二义性。

在设计阶段，设计师先要从系统的体系结构入手，根据需求确定整体的框架结构，再考虑在该框架下实现需求规格说明书中的全部需求，然后可根据需求的分配设计各个模块的接口，再按照模块分配的功能设计实现该模块的算法。

在实现阶段也是同样道理，可以利用辅助工具生成部分代码框架，在此基础上，再添加更多的代码。

通过上面的描述能够看出，在软件的开发过程中，每个阶段都是遵从逐步求精的思想从整体到局部一步一步完成的。

逐步求精和抽象是互补的概念，随着软件的开发过程逐步求精是越来越精化，而抽象是越来越具体的。

（四）信息隐藏

信息隐藏的原则就是说模块应该设计成其包含的信息（过程和数据）对不需要这些信息的其他模块是不可访问的，或者是不可随意访问的。有效的模块化是将系统划分为若干个模块，模块与模块之间进行通信完成指定的功能，隐藏就是要求模块与模块之间通信时，只交流必要的信息，这样加强了对模块内部过程细节或模块使用的任何局部数据结构的访问约束。

模块的独立性就是靠信息隐藏实现的，为后期的软件测试和维护提供了极大的方便。一旦在进行测试或者维护时发现问题，那么对模块的变更不会影响或者至少很少影响其他模块，不会将影响扩大并传播。

（五）控制层次

1.控制层次的特征

控制层次也称为“程序结构”，它代表了程序构件（模块）的组织，并暗示控制的层次结构。一般有四个特征：深度、宽度、扇入和扇出。其中深度和宽度是针对整个控制层次说的；扇入和扇出是针对一个模块而言的。

（1）深度

定义为控制层次的层数，或者说是控制级别的数量。

（2）宽度

定义为控制层次的跨度。

（3）扇入

指明有多少个模块直接控制一个给定的模块。

（4）扇出

指明被一个模块直接控制的其他模块的数量。

首先要了解深度和宽度的概念。深度是指控制层次的层数，或者说是控制级别的数量；宽度是指控制层次的跨度。这两个特征是从系统的整体角度来衡量控制层次设计是否合理的。

2.作用范围和控制范围

在系统的控制结构中，某一层的模块中的判定或者条件在系统中产生的结果会影响到其他层的某个处理或数据，这样该处理就是条件依赖于那个判定。因此，在控制结构中产生了另外两个概念：作用范围和控制范围。

（1）作用范围

一个模块的作用范围是指条件依赖于这个模块的全部模块。即使一个模块全部处理中只有一小部分为这个判定所影响，整个模块也被认为在作用范围中。

（2）控制范围

一个模块的控制范围是指模块本身和它的全部子模块。

（3）作用范围和控制范围相关的设计原则

对于任何判定，作用范围应该是这个判定所在模块的控制范围的一个子集。通常通过把判定节点在结构中上移来达到这个原则。换句话说，受该判定影响的所有模块应该都是该判定模块的子模块，最理想的情况是，把作用范围限制在该判定本身所在模块以及与它直接相连的子模块。

（六）模块独立性

系统是由若干个模块组成的，每个模块具有一定的功能，它们相互联系共同完成整个系统的功能，因此模块之间必然有着这样或那样的关系或者依赖。模块之间的这种联系越多，就越会增大测试和维护的难度。所以在进行软件设计的时候，还要遵循模块独立性原理，希望模块之间的联系越少越好，即模块的独立性越强越好，相互之间的接口越简单越好。那么如何来衡量模块独立性的强弱呢？这就涉及两个概念：耦合度和内聚度，它们从不同的角度来衡量模块独立性的强弱。

1.耦合度

耦合度是指模块与模块之间联系的强弱程度。它们之间的联系越多，模块的耦合度就越强，独立性就越弱。模块之间的联系体现在相互调用时需要互相了解的程度。如果一个模块需要调用另外一个模块来完成它的功能，那么调用模块需要了解被调用模块的信息越多，它们之间的联系就越多。因此，如果被调用模块发生变化，对调用模块产生影响的可能性就大，造成调用模块也要随之变化。设计师在进行软件设计的时候，都希望模块之间的耦合度越低越好，因为这样的话，模块之间的联系就少，便于后续的实现、测试和维护。

（1）耦合度的强弱

在这里根据耦合度的强弱，将其分为 7 个等级：

①非直接耦合：两个模块是不同模块的从属模块，相互之间无直接关联，因而没有耦合发生，称为非直接耦合。

②数据耦合：模块与模块之间需要通过常规的参数表访问，数据通过该列表传递，传递的数据是简单类型的，这种耦合称为数据耦合。

③标记耦合：当模块与模块之间传递的参数是数据结构的一部分时，这种耦合是标记耦合。它是数据耦合的变体，两者都属于低级别耦合。

④控制耦合：调用模块与被调用模块之间传递的信息对于被调用模块的执行路径有决定作用，此种耦合属于控制耦合。

⑤外部耦合：当模块连接到软件外部环境上时会发生的耦合关系，具有相对较高的

耦合度。

⑥公共耦合：多个模块都访问一块全局数据区中的数据项（一个磁盘文件、一个全局可访问的内存区），这种耦合程度就是公共耦合。

⑦内容耦合：一个模块访问另一个模块边界中的数据或控制，这种耦合是内容耦合，也是最强的耦合。

如果发生下列情形，两个模块之间就发生了内容耦合：

A.一个模块直接访问另一个模块的内部数据；

B.一个模块不通过正常入口转到另一模块内部；

C.两个模块有一部分程序代码重叠。

（2）消除或者减弱耦合度的方法

可以使用适当的方法来消除或者减弱模块之间的，具体做法：

①将公共的数据区进行分割，降低多个模块因共享该数据区而产生的耦合；

②将模块之间的连接方式尽量标准化：只用调用，不直接引用；只传递必要信息，无冗余；

③引入缓冲区；

④减少公共区，使其局部化；

⑤输入/输出尽量在少量模块间进行，不要分散在全系统；

⑥参数确定得越晚，就越容易修改，越灵活。

2.内聚度

内聚度是模块所执行任务的整体统一性的度量，是指模块内部组成部分之间联系的紧密程度，它与耦合度是相对应的。在一个理想的系统中，每一个模块应该是执行一个单一明确的任务，但是在实际中一个模块可能完成一些结合在一起的、有一定相关性的功能，或者几个模块一起完成一个或一组功能。一般模块功能的相关性强，就可以认为将其转换为代码时，代码也是高度相关的，换句话说，不在同一个模块中的代码其功能相关性是很小的，所以要尽力减少模块之间连接数和模块之间的耦合度，以保证模块的独立性。

模块的内聚度按照其程度也分为 7 个级别，按顺序内聚性依次变强。

（1）偶然内聚

设计者随意决定将没有关系的几个任务组合在一个模块中，该模块的内聚程度就是偶然内聚，一般来说这样的模块是没有任何意义的。

例如，为了节省空间，将多个模块中重复出现的语句提取出来，组成一个新的模块，如模块 M1、M2 和 M3 中都出现了一部分同样的语句，为了节省空间，将这部分语句单独构成一个新的模块 T。这样的模块存在的问题是模块不易取名、含义不易理解、难以测试、重用性差且更不易修改。由于这样的模块内部的语句相关性很低，又包含多个任务，往往修改的可能性很大，因此会给后续工作造成很坏的影响，应尽量避免偶然性内聚的发生。

矫正方法：因为它执行多个任务，可以考虑将模块分成更小的模块，每个小模块执行一个操作，或者是将模块中的语句放回它们各自出现的地方。

（2）逻辑内聚

把逻辑上相似的功能结合到一个模块中，该模块的内聚程度就是逻辑内聚。一般来说这种逻辑相似体现在：第一，使用统一动词但针对不同的对象，有相同的代码段；第二，起始于某多路开关，以后转向不同的代码段，但各代码段间联系很少。

可以将它内部不相干的功能分离成更多的小模块，实现各自的功能，将功能逻辑相同的代码段提出来，单独做一个模块，然后在被分离出去的模块中调用。

（3）时间性聚合

将某一时间同时执行的任务放在同一模块中，该模块的内聚度就是时间性内聚。例如，初始化模块，集中了初始化功能的模块。

（4）过程性聚合

模块中各个处理任务相关，并且是按照特定次序执行，这样的模块的聚合度就是过程性聚合。一般来说，这种聚合情况往往发生在程序流程图中，以及相邻的处理功能聚合成的模块中。例如，接收用户的输入信息并对其进行格式化编辑。

（5）通信性内聚

模块中各个功能需要用到同样的数据，而将其放于一个模块中，称之为通信性内聚模块。如模块中包含对选课信息的修改和删除，它们由于是对相同的数据对象进行处理，因此放在一个模块中，这种聚合要比过程性内聚强，但是由于模块中各部分使用相同的数据对象，会降低模块的执行效率。

（6）信息性内聚

模块中各功能任务利用相同的输入或产生相同的输出。由于它可能包含几个功能或只是某个功能的一部分，所以内聚性不是最高的。例如，模块中的任务用到的是相同的输入，就是学生的选课信息，然后对其进行不同的操作，打印出了信息中的不同部分。

（7）功能性内聚

一个模块中各个部分都是完成某一具体功能必不可少的组成部分，或者说该模块中所有部分都是为了完成一项具体功能而协同工作，紧密联系，不可分割，则称该模块为功能内聚模块，它是最强的一种内聚，这样内聚形式的模块易于实现，易于测试、修改和维护。

模块独立性原理是软件设计的一条基本原理。在进行设计的时候，设计师希望模块本身是高内聚的，模块之间是低耦合的，而两者之中，从广泛的实践来说聚合度显得更加重要，因为，耦合以及传递的特定数据项的数量可以很好地表示模块的内聚程度，执行一个单一独立的任务的模块，往往是高内聚的，所有的内部代码使用同样的数据项。低内聚的模块往往有高耦合以及相互之间松散关系的任务，通常是对不同的数据对象进行的操作，需要上层模块传递相互关系不大的数据项。

三、软件设计的原则

软件设计的工作是创造性的技能，随着设计工作的进行，逐渐精化到构造系统的每一个细节，并且通过设计过程提供的模型为开发人员和用户展现不同的视图，这就是设计的结果。那么如何来衡量设计结果的好坏呢？只能看其发布后的用户评价，靠时间来检验。那么，在软件设计过程中是否存在一些基本的原则，能够指导和提高软件设计的水平呢？

①设计工作要跟踪需求分析的结果，否则需求分析就失去了它的意义，设计是为了解决需求分析提出的问题，因此设计一定要和需求保持一致；

②要对待解决的设计问题进行模块化分解，软件的设计仍然要使用这种很常见的方法，不能试图设计出解决一切问题的完整结构；

③设计要注意代码重用，尽量在设计时考虑到结构的通用性，构建自己的函数库、类库和构件库；

④设计的结构尽量和现实待解决的问题保持一致，这样的设计易于理解和维护；

⑤设计要表现出一致性和集成性，需要在设计之前提出一致的风格和构建的接口标准等；

⑥设计的结果应该满足独立性原则，对不好的耦合和内聚应该采取相应的解决

措施。

上面的设计原则只是一般性的原则，在实际的开发中一定还存在很多和具体项目相关的原则，在进行设计的时候都要考虑到。软件设计对软件的内在质量有很大的影响，因此要充分重视。

第二节　软件设计的过程

软件设计的过程是指将前一阶段的分析模型转换为设计模型的过程，即为实现前一阶段提出的功能需求找到适合的实现方案。首先应明确系统中的主要部件，主要包括硬件部分和软件部分，软件部分是运行在硬件上的。软件部分又包括应用程序、数据库、界面和接口等，这些就是要设计的内容。

对于整个系统，分析员首先要确立完整的应用程序配置环境，主要是硬件以及硬件相关的配置，如确定路由器、防火墙、多个终端、网络结构等，这就要求对整个系统的体系结构和网络要求十分明确。

对于应用程序，要确立不同的子系统之间、子系统与网络之间、子系统与数据库之间以及子系统和界面之间的关系，确定系统边界，识别自动化部分和人工部分。

对于数据库部分，确定使用的数据库类型和数据库管理系统，此外还有部分表的结构，全部的数据库设计的细节要在后续的设计工作中完成。

对于用户界面部分，分析人员通过需求确立用于用户交互的信息类型、表格结构、输入、输出等，产生界面元素，结合硬件确定交互方式，最后产生界面布局的详细信息。

设计方案来源于分析的结果。其中系统结构设计源于分析阶段的数据流图和状态迁移图；数据库的物理设计源于分析阶段的实体关系图，即数据库的概念设计；子系统的设计源于数据流图确定的模块功能和系统结构图；分析文档始终是设计的依据和检查设计结果的依据。

在软件设计的过程中，当然也和分析过程一样是自顶向下的设计过程，也就是从顶层到底层的设计过程。一般来说，软件设计过程分成两个层次：概要设计过程和详细设计过程，这两个过程在面向对象设计中称为软件架构设计和细节设计。

一、概要设计

概要设计（Preliminary Design）是软件设计的高层次内容，也称为总体结构设计（Architecture Design），是详细设计的基础。它注重的是软件系统中大粒度的构成部分和部分之间的关系，如子系统的划分、子系统之间的交互等，不包括硬件、网络以及物理平台的设计。

概要设计的基本任务是：系统结构设计、子系统划分、系统模块结构设计、数据存储。

概要设计是系统开发过程中很关键的一步。系统的质量及一些整体特性基本上就是这一步决定的。系统越大，总体结构设计的影响越大。认为各个局部都很好，组合起来就一定好的想法是不切实际的。

概要设计只描述创建软件所需要的各种环境，不是整个系统的详细描述。具体包括以下方面的内容：

①软件系统中包括哪些子系统和部件？

②每个子系统和部件都完成哪些功能？

③子系统和部件对外提供或者使用外部的哪些接口？

④子系统和部件间的依赖关系以及对实现和测试的影响？

⑤系统如何部署？

这些内容要通过概要设计确定下来。那么如何确定下来，确定下来后的产品是什么？这就要使用适合的设计方法。一般来说，如果使用传统的结构化分析方法，那么设计的各阶段就使用结构化的设计方法；如果使用面向对象的分析方法，那么设计阶段就采用面向对象的设计方法。概要设计的具体步骤如下：

1.设计系统方案

根据需求，提出整个系统的实施环境，可能会提出多种实施方案，这就需要进行论证和比较，并做出选择，形成论证文档。

2.功能分解

将分析阶段产生的数据流图进行审查，并根据设计的需要进行细化，判断数据流图类型。

3.软件结构设计

根据功能分解的结果，将系统划分为若干个模块，用系统结构图将其组织起来。

4.数据设计

系统设计人员依据分析阶段产生的实体关系图，以及数据字典对系统中用到的数据库和数据结构进行设计。

5.界面设计

根据功能提出界面元素，再根据流程设计界面的布置形成界面的最终风格。

6.制订测试计划

为了保证软件的可测试性，软件设计一开始就要考虑软件测试，这个阶段产生的测试计划是黑盒测试计划，针对结构、接口、界面等测试。

7.编写概要设计文档

文档中一般包括：用户手册、测试计划、详细的项目实现计划和数据库设计结果。

8.审查与复审概要设计文档

召开会议，讨论并审查最终文档，修改其中的缺陷以及之前存在的不足。

二、详细设计

概要设计规定了系统的构成，即子系统的划分、子系统之间的接口、全局数据结构和数据库模式、界面结构等，也就是解决了高层次系统的构造，进一步要解决的问题就是子系统规定的功能如何来实现？详细设计就是在概要设计的基础上，确定子系统或者模块内部的实现问题，也称之为代码设计。需用相应的工具将详细设计的结果表示出来，具体包括下面的内容：

①明确每一个系统的功能在系统的结构上所起到的作用；

②根据概要设计明确该模块的接口需要传递哪些数据；

③确定局部使用什么数据结构；

④确定实现指定功能用什么算法。

这就是详细设计的任务，在使用程序设计语言之前，需要对所采用的算法逻辑关系进行分析，设计出必要的过程细节，并采用合适的工具表达出来，作为编码的依据。详细设计阶段的工作步骤如下：

①为每一个模块确定采用的算法，选择适合的工具表达算法的逻辑结构。

②确定模块所使用的数据结构以及该数据结构上相应的操作。

③确定模块接口细节，包括外部接口和内部接口。外部接口包括界面和与其他软硬件的接口；内部接口是模块与模块之间的接口，要确定接口类型和接口数据的类型，并按照设计原则进行评审。

④为每个模块设计测试用例以及测试环境，该测试用例是白盒测试的测试用例，针对详细设计阶段产生的逻辑结构进行测试。

⑤编写详细设计文档，一般包括详细设计产生的模型以及相关说明、单元测试的测试计划。

第三节　软件设计的内容

在软件设计的过程中，主要设计内容包括：体系结构设计、数据设计及界面设计。体系结构设计是要根据需求选择合适的体系结构风格来解决需求提出的问题，也就是提出系统模块的划分以及模块之间的层次调用关系。数据设计是根据上一阶段的数据模型进一步分析产生数据库、数据结构的设计。界面设计泛指目标系统与其他系统的交互接口，要根据系统范围和交互的功能来确定。

一、软件体系结构设计

（一）软件体系结构的定义

随着网络的发展和系统规模的壮大，软件体系结构已经在软件工程领域中有着广泛的应用，但迄今为止还没有一个被大家所公认的定义，许多专家学者从不同角度和不同侧面对软件体系结构进行了刻画，本书使用下面这个定义：

软件体系结构是具有一定形式的结构化元素，即构件的集合，包括处理构件、数据构件和连接构件。处理构件负责对数据进行加工；数据构件是被加工的信息；连接构件把体系结构的不同部分组合（连接）起来。这一定义注重区分处理构件、数据构件和连接构件。

软件体系结构是一个很重要的设计内容，也是设计工作开始就要做的内容，其重要性表现在如下几方面：

①体系结构是系统的高层表示，是不同的系统相关人员讨论的焦点。

②在系统开发的早期阶段给出系统的体系结构，实际上就是对系统分析的过程。分析当前体系结构的设计能否满足系统关键性需求，如系统的性能、可靠性和可维护性等。这样的分析评估具有极深的影响。

③系统体系结构的内容是关于系统的组织和组件间的互操作，其形式是一个紧凑的、易于管理的描述单元。体系结构能在具有相似需求的系统之间互用，由此来支持大规模的软件复用。对产品体系结构的开发就是希望有一个通用的产品体系结构供一系列相关系统使用。

（二）对软件体系结构风格的研究和应用

如果每个项目都要从头开始设计软件的体系结构，那么开发的效率就会极大地降低，因此有了对软件体系结构风格的研究和应用。

对软件体系结构风格的研究和实践促进了对设计的复用，一些经过实践证实的解决方案也能可靠地用于解决新的问题。体系结构风格的不变部分使不同的系统可以共享同一个实现代码。只要系统是使用常用的、规范的方法来组织，就可使其他设计者很容易地理解系统的体系结构。例如，如果某人把系统描述为“客户/服务器”模式，则不必给出设计细节，设计师立刻就会明白系统是如何组织和工作的。

（三）软件体系结构设计原则

系统结构设计是概要设计的一个主要内容，为了保证系统体系结构设计的质量，须按照如下原则进行设计：

①分解—协调原则。整个系统是一个整体，具有整体目的功能。但是，这些目的和功能的实现是由相互联系的各个组成部分共同工作的结果。解决复杂问题的重要原则就是把它分解为多个小问题来处理。

②自顶向下原则。首先明确系统总的目的和范围，然后逐层分解，即先确定上层模块的功能，再确定下层模块的功能。

③信息隐藏、抽象原则。上层模块只规定下层模块做什么和所属模块间的协调关系，不需要了解下层模块的内部结构。这样做使模块之间的层次关系清晰，易于理解、实施和维护。

④一致性原则。保证整个软件设计过程中具有统一的规范。

⑤明确性原则。每个模块功能明确、接口明确，消除功能含糊模块。

⑥模块之间的耦合尽可能小，模块内聚尽可能高。

⑦模块的扇入和扇出系数合理。一个设计好的系统平均扇入和扇出通常是 3 或 4，一般不超过 7，但是一些特殊模块的扇入和扇出可以大一些，如菜单模块、公用模块等。

⑧模块的规模适当。过大的模块可能会使系统分解得不充分，内部包含多个功能部分；如果模块过小又会使得模块之间的接口较多，增加接口的复杂性。

（四）软件体系结构风格的分类

体系结构，按照如上原则进行设计和评审，并可以考虑使用一些范型的体系结构来解决，同时考虑系统的特殊需求。下面是 Garlan 和 Shaw 对通用体系结构风格的分类：

①数据流风格：批处理序列，管道/过滤器；

②调用/返回风格：主程序/子程序，面向对象风格，层次结构；

③独立构件风格：进程通信，事件系统；

④虚拟机风格：解释器，基于规则的系统；

⑤仓库风格：数据库系统，超文本系统，黑板系统；

下面将介绍几种主要的和经典的体系结构风格和它们的优缺点：

1.C2 体系结构风格

C2 体系结构风格可以概括为：通过连接件绑定在一起的按照一组规则运作的并行构件网络。C2 风格中的系统组织规则如下：

①系统中的构件和连接件都有一个顶部和一个底部；

②构件的顶部应连接到某连接件的底部，构件的底部则应连接到某连接件的顶部，而构件与构件之间的直接连接是不允许的；

③一个连接件可以和任意数目的其他构件和连接件连接；

④当两个连接件进行直接连接时，必须由其中一个的底部到另一个的顶部。

构件与连接件之间的连接体现了 C2 风格中构建系统的规则。C2 风格是最常用的一种软件体系结构风格。从 C2 风格的组织规则和结构图中，可以得出 C2 风格具有以下特点：

①系统中的构件可实现应用需求，并能将任意复杂度的功能封装在一起；

②所有构件之间的通信是通过以连接件为中介的异步消息交换机制来实现的；

③构件相对独立，构件之间依赖性较少，系统中不存在某些构件将在同一地址空间内执行，或某些构件共享特定控制线程之类的相关性假设。

2.管道/过滤器风格

在管道/过滤器风格的软件体系结构中，每个构件都有一组输入和输出，构件读取输入的数据流，经过内部处理，然后产生输出数据流，这个过程通常通过对输入流的变换及增量计算来完成，所以在输入被完全消费之前，输出便产生了。因此，这里的构件被称为过滤器，这种风格的连接件就像是数据流传输的管道，将一个过滤器的输出传到另一过滤器的输入。此风格中特别重要的过滤器必须是独立的实体，它不能与其他的过滤器共享数据，而且一个过滤器不知道它上游和下游的标识。一个管道/过滤器网络输出的正确性并不依赖于过滤器进行增量计算过程的顺序。

一个典型的管道/过滤器体系结构的例子是以 UNIX shell 编写的程序。UNIX 既提供一种符号，以连接各组成部分（UNIX 的进程），又提供某种进程运行机制以实现管道。另一个著名的例子是传统的编译器。传统的编译器一直被认为是一种管道系统，在该系统中，一个阶段（包括词法分析、语法分析、语义分析和代码生成）的输出是另一个阶段的输入。

管道/过滤器风格的软件体系结构具有许多特点：

①使得软件具有良好的隐蔽性和高内聚、低耦合的特点。

②允许设计者将整个系统的输入/输出行为看作多个过滤器的行为的简单合成。

③支持软件重用。主要提供适合在两个过滤器之间传送的数据，任何两个过滤器都可被连接起来。

④系统维护和增强系统性能简单便捷。新的过滤器可以添加到现有系统中来，将旧的过滤器替换掉。

⑤允许对一些如吞吐量、死锁等属性进行分析。

⑥支持并行执行。每个过滤器被作为一个单独的任务完成，因此可与其他任务并行执行。

但是，这样的系统也存在着若干不利因素：

①通常导致进程成为批处理的结构。这是因为虽然过滤器可增量式地处理数据，但它们是独立的，所以设计者必须将每个过滤器看成一个完整的从输入到输出的转换。

②不适合处理交互的应用。当需要增量地显示改变时，这个问题尤为严重。

③因为在数据传输上没有通用的标准，每个过滤器都增加了解析和合成数据的工作，这样就导致了系统性能下降，并增加了编写过滤器的复杂性。

3.数据抽象和面向对象风格

抽象数据类型概念对软件系统有着重要作用，目前软件界已普遍转向使用面向对象系统。这种风格建立在数据抽象和面向对象的基础上，数据的表示方法和它们的相应操作封装在一个抽象数据类型或对象中。这种风格的构件是对象，或者说是抽象数据类型的实例。对象是一种被称作管理者的构件，因为它负责保持资源的完整性。对象是通过函数和过程的调用来交互的。

面向对象的系统有许多优点：

①因为对象对其他对象隐藏其表示，所以可以改变一个对象的表示，而不影响其他的对象；

②设计者可将一些数据存取操作的问题分解成一些交互的代理程序的集合。

但是，面向对象的系统也存在一些问题：

①为了使一个对象和另一个对象通过过程调用等进行交互，必须知道对象的标识。只要一个对象的标识改变了，就必须修改所有其他明确调用它的对象。

②必须修改所有显式调用它的其他对象，并消除由此带来的一些副作用。例如，如果 A 使用了对象 B，C 也使用了对象 B，那么，C 对 B 的使用所造成的对 A 的影响可能

是意想不到的。

4.基于事件的隐式调用风格

基于事件的隐式调用风格的思想是构件不直接调用一个过程，而是触发或广播一个或多个事件。系统中的其他构件中的过程在一个或多个事件中注册，当一个事件被触发，系统自动调用在这个事件中注册的所有过程，这样，一个事件的触发就导致了另一模块中过程的调用。

从体系结构上说，这种风格的构件是一些模块，这些模块既可以是一些过程，又可以是一些事件的集合。过程可以用通用的方式调用，也可以在系统事件中注册一些过程，当发生这些事件时，过程被调用。

基于事件的隐式调用风格的主要特点是事件的触发者并不知道哪些构件会被这些事件影响，这样不能假定构件的处理顺序，甚至不知道哪些过程会被调用，因此许多隐式调用的系统也包含显式调用作为构件交互的补充形式。

支持基于事件的隐式调用的应用系统很多。例如，在编程环境中用于集成各种工具，在数据库管理系统中确保数据的一致性约束，在用户界面系统中管理数据，以及在编辑器中支持语法检查。

隐式调用系统的主要优点有：

①为软件重用提供了强大的支持。当需要将一个构件加入现存系统中时，只需将它注册到系统的事件中。

②为改进系统带来了方便。当用一个构件代替另一个构件时，不会影响到其他构件的接口。

隐式调用系统的主要缺点有：

①构件放弃了对系统计算的控制。一个构件触发一个事件时，不能确定其他构件是否会响应它，而且即使它知道事件注册了哪些构件的构成，也不能保证这些过程被调用的顺序。

②数据交换的问题。有时数据可被一个事件传递，但另一些情况下，基于事件的系统必须依靠一个共享的仓库进行交互，在这些情况下，全局性能和资源管理便成了问题。

③既然过程的语义必须依赖于被触发事件的上下文约束，关于正确性的推理便存在问题。

5.层次系统风格

层次系统组织成一个层次结构，每一层为上层服务，并作为下层的客户。在一些层次系统中，除了一些精心挑选的输出函数外，内部的层只对相邻的层可见。在这样的系统中，构件在一些层实现了虚拟机（在另一些层次系统中层是部分不透明的）。连接件通过决定层间如何交互的协议来定义拓扑约束（包括对相邻层间交互的约束）。

这种风格支持基于可增加抽象层的设计。这样，允许将一个复杂问题分解成一个增量步骤序列来实现。由于每一层最多只影响两层，同时只要给相邻层提供相同的接口，允许每层用不同的方法实现，同样为软件重用提供了强大的支持。

层次系统最广泛的应用是分层通信协议，在这一应用领域中，每一层提供一个抽象的功能，作为上层通信的基础，较低的层次定义低层的交互，最底层通常只定义硬件物理连接。

层次系统有许多可取的属性：

①支持基于抽象程度递增的系统设计，使设计者可以把一个复杂系统按递增的步骤进行分解。

②支持功能增强，因为每一层至多和相邻的上下层交互，因此功能的改变最多影响相邻的上下层。

③支持重用。只要提供的服务接口定义不变，同一层的不同实现可以交换使用。这样，就可以定义一组标准的接口，以允许各种不同的实现方法。

但是，层次系统也有其不足之处：

①并不是每个系统都可以很容易地划分为分层的模式，甚至即使一个系统的逻辑结构是层次化的，出于对系统性能的考虑，系统设计师不得不把一些低级或高级的功能综合起来。

②很难找到一个合适的、正确的层次抽象方法。

6.仓库风格

在仓库风格中，有两种不同的构件：中央数据结构和独立构件。中央数据结构说明当前状态，独立构件在中央数据存储上执行，仓库与外构件间的相互作用在系统中会有大的变化。

控制原则的选取产生两个主要的子类。若输入流中某类时间触发进程执行的选择，则仓库是一个传统型数据库；若中央数据结构的当前状态触发进程执行的选择，则仓库是一个黑板系统。黑板系统的传统应用是信号处理领域，如语音和模式识别，另一应用是松耦合代理数据共享存取。

黑板系统主要由三部分组成：

（1）知识源

知识源中包含独立的、与应用程序相关的知识。知识源之间不直接进行通信，它们之间的交互只通过黑板来完成。

（2）黑板数据结构

黑板数据是按照与应用程序相关的层次来组织的解决问题的数据，知识源通过不断地改变黑板数据来解决问题。

（3）控制

控制完全由黑板的状态驱动，黑板状态的改变决定使用的特定知识。

二、数据设计

数据设计是软件设计的内容之一，也是软件设计的重要内容。因为数据是软件处理和存储的对象，没有数据，系统就失去它的意义。数据设计的好与坏也直接影响着系统执行的效率，所以数据设计是软件设计的关键任务之一。

在软件设计阶段要做的数据设计包括数据结构设计和数据库设计，其中数据结构设计是指程序中用来存储信息载体的设计，如数据、结构体、堆、栈等的设计和选择；数据库设计是指那些需要永久驻留在设备中的信息的组织形式的设计，如 DBMS 的选择、表结构的设计、字段的定义等。本小节主要讲这两部分内容的设计方法和过程，重点讲解数据库的设计。

（一）数据结构设计

数据结构设计是数据设计中至关重要的部分，它涉及程序运行的效率，包括时间和空间两方面的内容。其设计原则如下：

①尽量使用简单的数据结构。简单的数据结构处理效率高，占用空间小，当它作为参数传递时相对来说也简单。

②在设计数据结构时要注意数据之间的关系，如是否有序等。数据结构的选择一定

要根据数据的特点，方便以后在数据上的操作。

③为了加强数据设计的可复用性，应该针对常用的数据结构和复杂的数据结构设计抽象类型，这样做能够增强代码的重用，并且增加数据结构的分层管理。

④尽量使用经典数据结构，因为典型的数据结构已经被时间证明了其稳定性，并且有成型的算法可以使用，省去了一定的开发时间。

⑤在确定数据结构时一般先考虑静态结构。静态结构的程序执行效率高，程序易读，便于测试、修改和维护。

⑥对于复杂数据结构，应给出图形和文字描述，以便于理解。如果是自定义的复杂数据结构，要求给出详细说明，否则不易沟通，会降低开发效率，并且不易测试。

⑦数据结构设计和其他设计一样，也是自顶向下的，先考虑全局数据结构再考虑局部数据结构。

注意：数据结构设计在软件的概要设计和详细设计阶段都会涉及。在概要设计阶段要考虑使用的全局数据结构，在详细分析设计阶段要考虑模块或者子系统内部用到的数据结构，这里所说的数据结构还包括该数据结构上定义的各种操作。

（二）数据库设计

数据库设计在越来越大型的信息系统中显得越来越重要。由于信息量大、处理频繁等原因，使得系统设计和开发中与数据库有关的部分都很重要，所以这里会重点讲解数据库的设计，并且是从开发过程的角度来讲解。

在早一些的介绍软件工程的书中，可能还会看到文件设计这个概念，而目前已很少能看到。文件和数据库是着眼于两个不同观点来定义数据的：用户视图和计算机视图。用户视图是从使用观点考虑，从记录或者最终显示角度来设计数据的定义，以帮助各部门处理自己的具体任务；计算机视图观点中数据是以文件结构方式来存储和检索的。计算机存储数据的结构是根据具体计算机技术和高效处理数据的要求而定的。这里讲的数据库设计是后一种角度。数据库设计的过程需要耐心地收集、整理和分析数据、单据等，仔细找出数据之间的关系，然后按照数据库设计步骤认真完成。

数据库的设计过程分为六个阶段，它始于需求阶段。

1.需求分析阶段

这一个阶段是确定建立数据库的目的和收集数据，以了解在数据库中需要存储哪些数据，要完成什么样的数据处理功能。这一过程是数据库设计的起点，它将直接影响到后面各个阶段的设计，并影响到设计结果是否合理和实用。

2.概念设计阶段

建立数据库的概念模型。这一阶段是整个数据库设计的关键，通过对用户需求进行综合、归纳与抽象，形成一个独立于具体 DBMS 的概念模型设计。一般先根据应用的需求，画出能反映每个应用需求的 E-R 图，其中包括确定实体、属性和联系的类型，然后优化初始的 E-R 图，消除冗余和可能存在的矛盾。概念模型是对用户需求的客观反映，并不涉及具体的计算机软、硬件环境。因此，在这一阶段中必须将注意力集中在怎样表达出用户对信息的需求，而不考虑具体实现问题。从一个 ERD（实体关系图）建立一个关系数据模式可采用以下步骤：

①为每个实体类型建立一张表；

②为每个表选择一个主键（如果需要可以定义一个）；

③增加外部码以表示一对多关系；

④建立几个新表来表示多对多关系；

⑤定义参照完整性约束；

⑥评价模式质量，并进行必要的改进；

⑦为每个字段选择适当的数据类型和取值范围。

3.物理设计阶段

为逻辑数据模型选取一个最适合应用环境的物理结构（包括存储结构和存取方法）。将数据模型应用的环境进行搭建，配置数据库服务器等，然后设计数据的存取方法。

4.数据库实施阶段

运用 DBMS 提供的数据语言、工具及宿主语言，根据逻辑设计和物理设计的结果，建立数据库，编制与调试应用程序，组织数据入库，最后进行试运行。

5.数据库运行和维护阶段

数据库应用系统经过试运行后即可投入正式运行。在数据库系统运行过程中，必须不断地对其进行评价、调整与修改。

在以上数据库设计的过程中，把数据库的设计和对数据库中数据处理的设计紧密结合起来，将这两个方面的需求分析、抽象、设计、实现在各个阶段同时进行，相互参照，相互补充，以完善两方面的设计。

三、用户界面设计

用户界面设计是指在人和计算机之间创建一个有效的通信媒介。遵循界面设计原则，设计任务需标识界面对象和动作，然后创建屏幕布局，形成用户界面原型的基础。

用户界面设计很重要，它是用户直接接触的软件部分。界面好不好，主要是看是否容易使用和是否美观。

用户界面设计的八项黄金规则如下：

1.尽量保持一致性

设计一致性的外观和功能界面是最重要的设计目标之一。信息在窗体上的组织方式、菜单项的名称以及排列、图标的大小和形状以及任务的执行次序都应该是贯穿系统始终的。如果一个新的应用程序提供与众不同的操作方式，肯定会降低它的生产效率，并且用户也不乐意接受。

2.为熟练用户提供快捷键

经常使用某个应用系统的用户愿意花些时间学会使用快捷键操作方式。当熟练用户明确知道自己要做什么的时候，他们很快就会对冗长的菜单选择次序和大量的对话框操作失去耐心。因此，快捷键的使用可以针对某一给定任务减少交互步骤，同时设计者应该为用户提供使用功能，允许用户创建自定义快捷键。

3.提供有效反馈

对用户所做的每一项工作，计算机都要提供某些类型的反馈信息，使用户知道相应动作是否已被确认。这种确认方式对于用户非常重要，如果用户整天和系统打交道，而系统不能显示太多的对话框，还要用户做出回应，一定会降低用户的工作效率。

4.设计完整的对话过程

系统的每一次对话都应该有明确的次序：开始、中间处理过程和结束。任意定义的完好的任务都有开始、中间处理和结束三部分，因此计算机上的用户任务是同样的。如果用户正想着“我要查一查消息”，那么对话过程将从一次询问开始，接下来是信息交换，然后结束。如果任务的开始和结束不明确的话，那么用户可能会很迷惑。另外，用户常常会一心一意地专注于某一任务，所以如果确认该任务完成，那么用户就会理清思路并转向下一项任务。

5.提供简单的错误处理机制

用户出错是有代价的，既要花费时间改错，也有错误结果造成的耗费，因此系统设计者必须尽可能防止用户出错。主要方法是限制可用选项和允许用户在对话框的任意位置都能选择有效选项。如果出错，就需要系统提供相应机制来处理。一旦系统发现错误，错误信息应该特别说明出了什么错误并且解释要如何改正。例如，系统出现错误时，给用户提供出错界面，常用界面提示有如下几种形式：

①Java Error：Java.XML…

②致命错误！

③系统错误（或运行错误或数据库错误）。

错误提示需考虑两方面的因素：

①从用户角度：用户难于理解，容易让用户产生恐惧感，而且错误很难重现；

②从系统保密性角度：技术细节暴露给不应该看到的人，丧失了技术保密性，会给自己带来不必要的损失。

解决方案：

①错误说明应该以用户能够识别的语言进行表示；

②提供错误代码，便于缩小和确定错误范围；

③记录错误日志。

6.允许撤销动作

用户需要建立起这样的感觉：他们可以查看选项并且可以毫不费力地取消或撤销相应的动作。用户在任意一个步骤上都可以回退，最后如果用户删除某些文件、记录等，系统会要求用户确认该项操作。例如，应用程序的安装，应该提供相应的取消键，否则当用户在启动安装程序后忽然改变主意了，那他只能通过非正常途径来终止程序，例如停止进程。

7.提供控制的内部轨迹

有经验的用户希望自己能对系统有所掌控，系统响应用户命令，用户不应该被迫做某事或者感觉到正在被系统所控制，而应该让用户觉得是由用户在做决定，可以通过提示字符和提示消息的方式使用户产生这种感觉。例如，典型情况下，安装界面会提供：

典型安装、最小化安装和自定义安装。典型安装是在不熟悉安装环境的情况下的一种傻瓜式安装方式，一旦对于安装的过程和内容有所设想时，就应该选择自定义安装形式，根据自己的想法设置要安装的内容。

8.减少短期记忆负担

人有很多限制，短期记忆是其中最大限制之一。界面设计者不能假定用户能够记忆在人机交互过程中一个接一个的窗体或者从一个对话框到另一个对话框的所有内容，这样的系统设计给用户制造了太多的记忆负担。

第四节　结构化设计的方法

结构化设计主要是在 20 世纪 70 年代由 Constantine 和 Yourdon 等总结了一些优秀的程序设计实践而发展起来的，其最大的好处是极大地增加了代码复用的能力。它的主要思想是认为系统是由一组功能操作来构成的，每个功能忽略内部细节，看作是提供该功能的黑盒子。也就是说，软件设计首先必须无视模块的内部情况，而只对模块间的关系进行分析，然后将模块按一定的层次组织形成软件结构，在设计阶段的后期再来实现从逻辑功能模块到物理模块的映射。结构化设计的目标就是：将软件设计为结构互相独立、功能单一的模块，建立系统的模块结构图。

结构化设计的优点是通过划分独立模块来减少程序设计的复杂性，并且增加软件的可重用性，以减少开发和维护的费用。

结构化设计方法将分析阶段的数据流图转换为系统模块的层次结构图，完成软件系统的概要设计；再根据概要设计的结果，进行详细设计，并选用适当的表达方式精化设计的结果。

一、概要设计

程序结构或程序物理结构是对要解决的问题或要设计的系统的一种分层的表示方法，它指出了组成程序（系统）的各个元素（即各个模块），以及它们之间的关系。程序结构是从需求分析阶段定义的分析模型导出的。

程序结构隐含着控制层次的关系，但不表示程序的具体算法或过程关系，即不表示诸如处理的顺序、选择的出现和次序、操作的循环等。程序结构通常用软件结构图的形式表示。

结构化的程序设计方法经常被描述为面向数据流的设计方法，因为它提供了方便的从数据流图向软件结构图的变换。具体变换步骤如下：

①确定数据流图的特点及边界；

②映射为软件结构，得到两层结构图，表明结构控制信息及主要数据流；

③细化后得到初始结构图；

④获得最终的软件结构图。

软件结构图也叫系统结构图或控制结构图，它与数据流程图、过程结构图和编码等作为一组标准的图表工具，用来描述系统层次结构和相互关系，是结构化系统设计的常用方法，它表示了系统构成的模块以及模块间的调用关系。

结构图中常用符号包括下述几种类型：

①传入模块：从下属模块取得数据，经过某些处理，再将其传送给上级模块。它传送的数据流叫作逻辑输入数据流。

②传出模块：从上级模块获得数据，进行某些处理，再将其传送给下属模块。它传送的数据流叫作逻辑输出数据流。

③变换模块：从上级模块取得数据，进行特定的处理，转换成其他形式，再传送回上级模块。它加工的数据流叫作变换数据流。

④协调模块：对所有下属模块进行协调和管理的模块。

（一）数据流类型划分

1.事务流

信息系统的基本处理模型是：（从外部）输入，处理，输出（到外部）。从这个基本模型出发，可以把所有进入系统并经系统处理输出的数据流看作变换流。事实上，当具体分析系统内部的数据流时就会发现，除变换流外，还有一类数据流本身有较明显的特点，可以将它区分出来作单独处理。在这类数据流中，存在一个加工（事务中心）只接收一个输入数据，然后根据这个输入数据从若干个处理序列中选择一个路径执行，具有这种类型的数据流叫作事务流。

2.变换流

从总体上看，任何以数据流图表示的软件系统都包括三个功能部分，即接收数据、加工处理和输出数据。加工处理部分利用外部的输入数据完成本身的逻辑功能，并产生新的数据作为输出。抽象地看，加工处理部分可以被看作是一个将输入输入数据变换为输出数据的变换机构，把有以上过程的数据流称为变换流。

区分不同的数据流类型的目的是在映射为系统的体系结构时，映射为不同的结构。变换流要经过变化分析转换为系统体系结构，而事务流经过事务分析转换为系统体系结构。

（二）事务分析

虽然在任何情况下都可以使用变换分析方法设计软件结构，但是在数据流具有明显的事务特点时，也就是有一个明显的“发射中心”（事务中心）时，还是以采用事务分析方法为宜。

事务分析的设计步骤和变换分析的设计步骤大部分相同或类似，主要差别在于由数据流图到软件结构的映射方法不同。对于一个大型系统，常常把变换分析和事务分析应用到同一个数据流图的不同部分，由此得到的子结构形成“构件”，可以利用它们构造完整的软件结构。事务型的数据流图因为其对于数据输出处理上的不同，存在两种类型的软件结构图。

第一种是每个不同的事务具有自己的输出。

第二种是事务处理所得到的结果有统一的输出处理过程对应的软件结构图。

以上两种事务型数据流图不同之处在于：不同的事务类型处理的方式最终是否统一进行输出处理，如果没有统一的输出，则系统结构图属第一种情况；否则属于第二种情况。

下面来看一个关于图书管理的例子。该系统包括的主要功能有以下几种：

①借书：藏书者将图书借给拣书者，修改图书信息。

②还书：拣书者将图书还给藏书者，修改图书信息。

③晒书：将图书信息公布到晒书场，供拣书者选择。

④预约：预约借书或者预约还书。

⑤图书信息管理：藏书者管理个人的图书信息。

⑥用户信息管理：系统管理员管理用户的信息。

这 6 项功能可根据系统用户的业务需求选择某一项并按照用户要求进行相应的处理。可以分析出来，这 6 项功能是根据用户选择进行的，不是按照顺序依次进行的，所以该数据流图是事务型的。按照事务分析的过程，先要仔细核对数据流图，找到事务中心。本实例中，没有明显的事务中心，而实际系统用户在使用系统时一定是通过一个统一的界面来进行功能选择的，然后按照事务分析的过程进行一级分解，得到的相应的系统结构图。

（三）变换分析

变换分析是一系列设计步骤的总称，经过这些步骤把具有变换流特点的数据流图按预先确定的模式映射成软件结构。下面通过一个例子说明变换分析的方法。

具体步骤如下：

①复查基本系统模型；

②复查并精化数据流图；

③确定数据流图具有变换特性还是事务特性；

④确定输入流和输出流的边界，从而孤立出变换中心；

⑤完成“第一级分解”；

⑥完成“第二级分解”；

⑦使用设计度量和启发规则对第一次分割得到的软件结构进一步精化。

对于大型的 DFD，变换中心的边界的确定是值得注意的问题。一般从系统输入端开始，向系统内部移动，直到该数据流不再认作一种输入的地方，可以确定传入路径的边界，不同的边界会有不同的设计。下面列举一个变换型 DFD 的实例，它是晒书子系统中 DFD 的片段。

完成系统结构图后，还要对已完成的结构图进行优化，优化的原则就是使用软件设计原理和原则，尤其是模块的独立性原则。

考虑设计优化问题时应该记住：一个不能工作的“最佳设计”的价值是值得怀疑的。

软件设计人员应该致力于开发能够满足所有功能和性能要求，而且按照设计原理和启发式设计规则衡量时值得接受的软件。应该在设计的早期阶段尽量对软件结构进行精化，然后对不同的软件结构进行评价和比较，力求得到“最好”的结果。这种优化的可能，是把软件结构设计和过程设计分开的真正优点之一。

注意区分事务型数据流图和中心变换型数据流图。虽然中心变换型数据流图可能会存在分支的情况，但如何区分此时的分支是哪种情况呢？最明显的区别就是事务型的分支在运行过程中有路径的选择性，也就是当判断出具体事务类型之后，其他的路径将不会执行；但中心变换型的数据流图（在特定条件下）将会执行全部分支。

二、详细设计

结构程序设计是一种设计程序的技术，它采用自顶向下逐步求精的设计方法和单入口单出口的控制结构。在这里，对于逐步求精的含义分为两个层次。

详细设计阶段逐步求精的含义是把一个模块的功能逐步分解细化为一系列具体的处理步骤或某种高级语言的语句；而总体设计阶段逐步求精的含义是指把一个复杂问题的解法分解和细化成一个由许多模块组成的层次结构的软件系统。

程序过程是对程序结构的细化，是在概要设计的基础之上，细致地通过详细设计工具描述函数实现的算法。

结构程序设计技术有如下一些优越性：

①自顶向下逐步求精的方法符合人类解决复杂问题的普遍规律，因此可以显著提高软件开发工程的成功率和生产率；

②用先全局后局部、先整体后细节、先抽象后具体的逐步求精过程开发出的程序有清晰的层次结构，因此容易阅读和理解；

③不使用 go/to 语句，仅使用单入口单出口的控制结构，使得程序的静态结构和它的动态执行情况比较一致，易于阅读和理解；

④控制结构有确定的逻辑模式，编写程序代码只限于很少几种直截了当的方式，因此源程序清晰流畅；

⑤程序清晰和模块化使得在修改和重新设计一个软件时，可以重用的代码量最大；

⑥程序的逻辑结构清晰，有利于对程序正确性的证明。

下面介绍几种具有代表性的过程设计工具：

①程序流程图、盒图、PAD 等图形工具；

②表格工具：判定表、判定树；

③PDL 基于文本的工具。

（一）图形工具

1.程序流程图

程序流程图简称流程图，是一种采用方框表示处理步骤，菱形表示逻辑判断，箭头表示控制流的一种图形符号来描述问题解决方式的表示方法。

在使用流程图表示过程细节时，要注意不要乱用箭头（它的效果类似于乱用 goto 语句），否则会使结构混乱，容易出错，给编码带来麻烦。

程序流程图的使用曾经非常广泛，特别是流程图中的箭头符号使用起来非常灵活，符合了人们在思考过程中的思维方式。流程图的应用很好地描述了解决问题的方法，在结构化设计中占有重要的位置。但是由于它的灵活性，也带来了一些弊端，其表现在以下几方面：

①流程图中用箭头代表控制流，因此程序员不受任何约束，可以完全不顾结构程序设计的精神，随意转移控制。

②流程图本质上不是逐步求精的好工具，它诱使程序员过早地考虑程序的控制流程，而不去考虑程序的全局结构。

③流程图不易表示数据结构。

基于这些原因，目前程序流程图所占据的应用空间正逐步地被盒图所取代。

2.盒图（N～S 图）

盒图也叫作方块图，它在绘制过程中将程序的五种控制结构分别用长方形框定在一个范围内，通过这种方式强调了结构化原则的应用，避免了程序流程图的缺点。

盒图具有以下特点：

①功能域（即某一具体构造的功能范围）有明确的规定，并且能很直观地从图形表示中看出来；

②想随意分支或转移是不可能的；

③局部数据和全程数据的作用域可以很容易确定；

④容易表示出递归结构。

3.PAD 图

PAD（Problem Analysis Diagram）图又称问题分析图，它是 20 世纪 70 年代日本日立公司发明的，是一种具有很强结构化特性的分析工具。

PAD 图具有以下特点：

①使用表示结构化控制结构的 PAD 符号所设计出的程序必然是结构化程序。

②PAD 图所描述的程序结构十分清晰，图中最左面的竖线是程序的主线，即第一层结构，随着程序层次的增加，PAD 图逐渐向右延伸，每增加一个层次，图形向右扩展一条竖线，PAD 图中的竖线的总条数就是程序的层次数。

③用 PAD 图表现程序逻辑，易读、易懂、易记。PAD 图是二维树形结构的图形，程序从图中最左竖线上端的节点开始执行，自上而下、从左向右顺序执行，遍历所有节点。

④容易将 PAD 图转换成高级语言源程序，这种转换可用软件工具自动完成。

⑤既可以用于表示程序逻辑，也可用于描述数据结构。

⑥PAD 图的符号具有支持自顶向下、逐步求精方法的作用。开始时设计者可以定义一个抽象的程序，随着设计工作的深入而用 def 符号逐步增加细节，直至完成详细设计。

（二）表格工具

1.判定表

判定表能够清晰地表示复杂的条件组合与应做的动作之间的对应关系，而其他的工具则不易实现。

一张判定表由四部分组成，左上部列出所有条件，左下部列出所有可能做的动作，右上部是表示各种条件组合的一个矩阵，右下部是和每种条件组合相对应的动作。

判定表的每一列实质上是一条规则，规定了与特定的条件组合相对应的动作。

下面以行李托运费的算法为例说明判定表的组织方法。

假设某航空公司规定，乘客可以免费托运重量不超过 30 kg 的行李。当行李重量超过 30 kg 时，对头等舱的国内乘客超重部分每千克收费 4 元，对其他舱的国内乘客超重部分每千克收费 6 元，对外国乘客超重部分每千克收费比国内乘客多一倍，对残疾乘客超重部分每千克收费比正常乘客少一半。用判定表可以清楚地表示与上述每种条件组合相对应的动作（算法）。

2.判定树

判定树是判定表的变种，也能清晰地表示复杂的条件组合与应做的动作之间的对应关系。判定树的形式简单，不需任何说明，容易看出含义，易于掌握和使用，但也有缺点，例如，简洁性不如判定表，相同的数据元素往往要重复写多遍，而且越接近树的叶端重复次数越多等。

（三）伪代码

过程设计语言（Process Design Language，PDL）也称为伪代码，它是一种笼统的名称，是用正文形式表示数据和处理过程的设计工具。

一方面，PDL 具有严格的关键字外部语法，用于定义控制结构和数据结构；另一方面，PDL 表示实际操作和条件的内部语法通常又是灵活自由的，以便可以适应各种工程项目的需要。例如，它可以作为注释直接写在源程序中间，可以使用普通的文本编辑系统方便地完成 PDL 的书写。缺点是不如图形工具形象直观，清晰简单。

第五章　计算机软件开发

第一节　计算机软件开发的基础架构原理

随着经济的发展和科学技术水平的提高，计算机技术在我国社会的各个领域得到了广泛的应用，并为社会的发展带来了积极的促进作用。然而，计算机技术的发展与计算机软件的开发息息相关，可以说，计算机软件为计算机技术的使用奠定了一定的基础。因此，随着计算机技术的不断发展和普及，人们开始愈发关注起计算机软件开发来。在计算机软件开发过程中，基础架构原理发挥着极为重要的作用，因此对基础架构原理理论方面的研究可以为计算机软件的开发带来积极的促进作用。本节围绕计算机软件开发的基础架构原理展开分析探讨，希望可以为丰富计算机软件开发的基础架构原理理论提供一定的借鉴思考作用，以便推动计算机软件开发工作的健康发展。

社会经济的发展为我国科学技术的发展提供了一个可靠的物质发展基础，使得我国计算机软件技术得以迅速发展，并在我国社会的各个领域发挥重要作用，为我国社会发展进步做出了不小的贡献。而且，从世界范围来看，计算机技术的诞生时间较晚，而我国也及时抓住了发展计算机技术的机遇，因此，我国的计算机软件技术基本与其他国家相差无几。但是，从计算机软件技术的长远发展来看，只有不断提升计算机软件的设计水平，才能不断为计算机软件的开发注入新的发展活力。而单纯依靠技术上的进步来解决这一问题显然是不够的，立足于计算机软件开发的基础架构原理也是十分关键的，科学合理的计算机软件开发的基础结构原理，能为计算机软件设计在效率和性能上的提升带来积极的促进作用。

一、计算机软件开发概述

（一）计算机软件开发的概念性解读

在计算机并未产生的早期，其实是没有计算软件开发这个概念的。但是，晶体管的不断发展以及集成电路的广泛应用，为计算机的诞生奠定了良好的基础，随着计算机技术的应用范围的增大，计算机软件这个概念逐渐被重视起来。当前，计算机软件的开发主要分为两个方向，一个是先开发后寻市场，一个是先分析市场需求再进行开发。

（二）计算机软件开发的特点

计算机软件开发主要具有两个特点，一个是持续性，一个是针对性。因为计算机软件自身具有很大的提升空间，所以完美无缺的计算机软件是不存在的，这也是计算机软件开发具有一定持续性的原因。而且，适应市场的需求和满足企业发展的各项需求，是当前计算机软件开发的一般性主导因素，因此计算机软件在开发过程中针对性也十分突出。

二、计算机软件开发的基础架构原理分析

（一）基础架构的需求

在计算机软件开发的过程中，首先要做的同时也是极为关键的一步工作便是软件本身的需求进行分析。因为，受到企业经营项目、运营方式以及管理方式等因素的影响，用户在对计算机软件的设计需求上也会不尽相同。因此，在决定对一款计算机软件进行开发之前，做好充足的计算机软件设计需求分析工作十分必要。只有掌握了用户的需求方向，设计主体才有可能提高计算机软件设计的针对性，使软件在功能上更好地满足用户需求，同时也可以适应市场发展的需要。可以说，在计算机软件开发过程中，基础架构的需求分析，对于计算机软件设计的方向以及成功与否具有直接性的影响作用。

（二）基础架构的编写

在做好了有关软件开发的需求方面的工作后，接下来要做的便是以最终决定的设计

需求为依据，开展一系列的编写软件的工作。在当前使用的众多编程语言中，C 语言的使用频率最高，这与其具有的突出的结构性、优秀的基础架构等特点密不可分，因为这些优越的特性，可以为设计主体在对后续的编程工作的处理上提供不少便利之处。而且，在软件实际编写过程中，其实是本着“分—总”的原则进行的。所谓“分”，即把基于计算机软件的结构的特性，将整体的计算机编写工作划分为几个模块，然后每个团队专门负责一个模块的程序编写工作。在所有的模块编写工作完成后，最后要做的工作便是所谓的“总”，即最后通过总函数，将这些分散的模块编写连接成软件功能的整体。这种编程原则，不仅可以确保计算机软件开发的质量，还可以极大提高计算机软件的编程工作效率，一举多得。

（三）基础架构的测试和维护

一般情况下，设计完成的计算机软件是不能立即投入实际使用的，因为，最初开发的计算机软件与原本的目标要求或许还存在一定差距。如果不经过相应的处理，就将设计好的计算机软件立即投入使用中，不仅会对计算机软件本身造成很大的损害，而且还可能会给企业带来不小的损失。因此，对于软件的测试和维护工作也十分重要。在传统的测试方法中，一般是将几组确切的数据输入软件中，如果计算机软件得出的结果与预期已知的结果一致，那么计算机软件本身便没问题。但是，这种传统的测试方式存在一定的偶然性，因此设计主体也设计了具有针对性的科学合理的测试计算机软件的专用软件，从而为计算机软件的合理性和正确性提供了确切的保障。

随着社会的不断发展，对于计算机软件的各项功能也提出了更高的要求，为了紧跟时代发展潮流，同时也为了更好地服务于人民的社会生活，计算机软件的应用范围也在不断拓宽。与此同时，人们对计算机软件开发相关的内容投入的关注度也在与日俱增。在计算机软件开发过程中，基础架构原理发挥着至关重要的作用，是直接影响开发出来的计算机软件的一个非常重要的因素。因此，在现实社会中对计算机软件开发的基础架构原理的探索与研究具有深远意义。基于此，本节也对计算机软件开发的基础架构原理展开了积极的探讨，在整体把握计算机软件开发的相关概念的基础上，从基础结构的需求、编写，以及测试和维护方面对计算机软件开发的基础架构原理展开了详细的分析，希望可以为计算机软件开发工作的进行带来一定的借鉴和参考作用。

第二节 计算机软件开发与数据库管理

当前，网络已深入人们的生活中，计算机软件技术已经应用在许多领域，在社会发展进步中发挥着重要作用。而计算机软件是系统运作的核心，数据库管理是它的内在支持，只有极大程度上发挥二者的有利作用，才能够促进计算机的进步。本节从介绍计算机软件开发入手，详细介绍计算机软件开发和数据库管理中存在的问题，提出了相应的解决措施，以期为当前计算机行业提供帮助。

随着社会的发展，人们的工作、学习、生活越来越离不开计算机的帮助。计算机软件开发就是为了解决人们生活中的问题，使人们工作更有效率，学习更加轻松，生活更加便利。数据库管理作为计算机的内在核心，其运行效率也会影响计算机作用的发挥。所以为了更好地促进社会发展、为人们生活提供便利，必须高度重视计算机软件开发以及数据库管理工作。

一、关于计算机软件技术的开发与设计

（一）计算机软件技术的开发

计算机软件开发主要包括两方面：系统软件和应用软件。系统软件是计算机系统的基础，它管理和控制计算机硬件和软件资源，为其他软件提供运行环境。对系统软件的开发就是为解决某些实际问题，比如对计算机的操作系统进行更新等的开发工作，通过开发工作进行任务的配置，从而增强对数据库管理系统、操作系统的管理。应用软件是在系统配备完成后进行分段检验为用户的计算机设备提供更多操作性软件。另外，对于计算机软件开发后要进行一定的评估，采用科学的手段，做好相关的质量把控工作，在试用无误后才能投入使用。

（二）计算机软件技术的设计

1.软件程序的设计与编写

计算机软件开发过程首先是进行软件设计，这也是整个过程最基本的环节，软件设计的水平直接影响软件的应用程度。软件设计环节通常包括了功能设计、总体结构设计、模块设计等。在设计软件过程完成之后便要进行程序的编写。编写工作要依据完成的软件设计结果进行，这也是计算机软件开发过程中的重要环节，编码程序的顺利完成取决于科技水平、工作人员的专业水平等多种因素，其过程的完善有助于提高工作效率。

2.软件系统的测试

在编程工作完成后，不能立即投入运用，还需要对软件进行测试，将编写程序试用于部分用户，然后评定每个用户的满意度，这样整个软件才算设计完成。然而，这并不代表软件开发的彻底完成，投入的软件还需要根据市场客户反馈情况不断升级更新，从而进一步保证软件的有效运行。

（三）计算机软件开发的真正价值

在软件开发过程中，计算机软件价值的实现要求在计算机软件的开发期间已掌握的要求和问题为导向，将所需的分析问题放在软件开发的最前面，符合最初设计的需求。所以，对计算机软件开发来讲，首先做到准确无误的需求分析，能够满足大众需求，为广大用户提供服务，只有被广大人民群众认可的软件，才能实现其真正价值。而不符合用户需求的软件系统，即便科技人员研发出来也没有使用价值，并且会损害人力、物力和财力。此外，还必须尽可能确保软件开发过程中的专业化和流水线作业，确保其拥有足够的软件基础、硬件基础和技术支持，能够辅助开发者完成软件开发，为软件的开发项目提供一定的物质保证和技术条件，确保其财政方面的充足以及优良的外界环境，从而实现软件开发的使用价值，最大限度地体现出软件开发的效益。而数据库管理作为软件开发的核心环节，只有开发出的软件有价值，数据库的管理才有意义。

二、关于数据库的管理

随着计算机应用的普遍化，用户对软件系统的需求也不断提高，体现为软件的更新与创新，当前软件的产品以满足客户的需求为导向，市场品种不断增多，已经从原来的单层结构向多层次结构发展。但是，产品增多的同时用户也对软件系统的存储安全等提出了更高的要求。因此，数据库系统的成功建立为用户数据的安全提供了保障。

（一）数据库管理的概念及应用技术

数据库管理是计算机系统中一个重要部分，数据库管理主要是指在数据库运行过程中，确保其正常运行。它的内容主要包括：第一，数据库可以对各部分数据进行重新构建、调试，并且根据总系统服务中心所要求的内容重新归类，并按照其属性重新整合数据；还可以将它们重新打乱，进行数据重组。第二，数据库可以识别数据的正确性，并根据错误数据查找原因，并及时做出修正，还可以将信息进行汇总，将容易出现问题的部分进行备份。第三，数据库的综合性能很强，它可以以企业或者部门为选择的单位，然后以其数据为中心形成数据组织。以数据模型为主要形式，在可以描述数据本身的特性之外，还可以科学描述数据之间的联系。第四，由于不同的用户有不同的处理要求，数据库能够根据用户所需从中选取需要的数据，从而避免数据的重复存储，也便于维护数据的一致性。总之，数据库统一的管理方式，不仅提高了工作效率，也保证了数据的安全可靠。

（二）计算机软件开发中数据库管理中存在的问题

数据库管理对于计算机软件开发的重要性不言而喻。但是数据库管理并不是十全十美的，其运行过程中也会产生相应的问题。一般而言，计算机软件开发中数据库管理中存在的问题有以下几方面：第一，管理人员操作不当。在软件开发中有些管理人员自身专业知识欠缺，又急于求成，数据难免出现问题。并且，在开发过程中，有些数据库管理人员不能严格遵循操作规程和数据库方法，从而造成不同程度的数据安全隐患以及数据泄漏问题，影响数据库的正常稳定运行。第二，操作系统中存在的问题。在系统操作过程中，其本身就存在着一些风险来源，比如，用户的不当操作，可能会造成计算机感染大量的病毒，造成木马程序的入侵，如果在操作过程中，这些病毒一起发作就会直接影响数据库的运行，再加上一些别有用心人的访问，影响了数据库信息的安全，造成了一些重要信息的外泄。第三，数据库系统出现问题。数据库系统出现问题在一定程度上会妨碍计算机系统的正常工作。比如，网络信息安全的问题，其问题原因是数据库管理不当。

（三）解决计算机软件开发中数据库管理问题的对策

针对数据库管理可能会产生的问题，必须做好数据库的安全管理工作。网络应用逐渐普及的同时也产生了一些负面影响，社会的一些不法分子为牟取暴利，利用掌握的网络技术，窃取用户重要信息，给用户带来了经济损失等事件频繁发生，加强数据安全工作势在必行。首先，用户可使用加密技术，加强对重要信息的加密处理工作，充分保护数据。同时，也要做好数据库信息可靠性和安全性的维护工作，在加强人们数据安全意识教育的同时，努力做好数据的安全维护，对重要的数据库信息进行定时的备份，以免数据丢失或者出现故障，对用户造成不必要的损失。其次，要进一步加强管理访问权。在访问权方面，需要高度重视储存内容的访问权限问题。要想对用户实现实时动态的管理，后台管理员必须做到能够随时调动访问权限。最后，要采取各种防护手段来保证系统的安全性，还要保证系统的维护管理保持在一个较高的水平。数据库的数据整合能力以及维护能力直接决定了维护水平的高低。从技术层面，应尽可能配备先进的具备较高安全性的防护系统。从人员上，必须配备具备较高技术水平的数据库管理和维护人员。

综上所述，针对计算机软件技术在社会发展中的重大作用，必须做好计算机软件技术的开发与设计，真正体现我国科技发展的优越性，进一步促进计算机软件技术的发展，为我国科技进步做出贡献。

第三节　不同编程语言对计算机软件开发的影响

科技进步加快了计算机发展的步伐，随着计算机的普及，软件开发的与时俱进推动了编程语言种类的多元发展。软件开发人员在选择编程语言时，须围绕内外部环境、结合行业特征、结合整体结构特征等原则，确保编程语言的优势、软件开发人员的技术专业性得以充分发挥，提升软件开发效率的同时，确保计算机软件性能优良，从而提高更多市场占有率。

编程语言在计算机软件开发中起着关键作用，不同的编程语言优势不同，适用范围也存在局限性，其属性语言种类等直接决定计算机软件开发效率与产品品质。为减少各种编程语言对计算机软件开发的负面影响，开发技术人员必须深入了解各编程语言在软件开发中的作用与适用范围，并针对性应用，实现计算机软件产品质的飞跃。

一、计算机应用软件开发中常见的编程语言

（一） C 语言

C 语言是计算机软件开发应用的主流编程语言，应用价值较高。在软件开发环节，无须计算机功能辅助 C 语言开发设计，设计语言完善，可为操作系统开发针对性的应用软件。

（二） C++语言

C++语言不仅具备 C 语言的功能、特征，同时比 C 语言适用性更强，应用范围更广，甚至可在多个操作系统中编制，符合现代软件开发的语言需求。作为 C 语言的继承，C++语言不仅可以展开 C 语言程序设计，又可以面向抽象数据类型对象的程序设计，还可以面向继承、多态特点对象的程序设计。与此同时，C++语言的编制也比 C 语言复杂，对开发人员的专业水平要求高，唯有深入掌握其应用规范后，才能充分发挥 C++语言的作用。

（三）Java 语言与 C#

Java 是基于 C 语言，并吸纳了 C++语言功能和优势的动态语言，其弥补了 C++的不足，使 C++的复杂程序开发思路得以简化。同时，Java 也是具备跨平台、面向对象等优势的语言，广泛应用于桌面、网络等应用程序的开发。

C#主要应用于高级商业软件开发，具有安全稳定、简单优雅等优势特征，是基于 C 语言、C++语言衍生的语言，具备基础编程语言的优势，同时去除了基础编程语言烦琐的部分。

（四）Pascal 语言

Pascal 语言相对烦琐，但其较高的运行效率，较强的纠错能力不可小觑。Pascal 语言的数据类型丰富，且结构形式严格。Pascal 语言是计算机通用的高级程序设计语言，

也是自编译语言、结构化编程语言，能够描述复杂的数据结构、算法，可靠性高。

（五）VB

VB（Visual Basic）是现代计算机程序设计语言，借助 GUI、RAD 系统，通过 DAO、RDO 等连接数据库构建 Active X 控件，实现面向对象的应用程序设计。VB 具有可视化设计平台、事件驱动编程机制、结构化程序设计语言、数据库功能、Active X 技术等语言特色。

二、编程语言在计算机软件开发中的应用原则

（一）综合内外部环境

开发计算机应用软件时应注重外部硬件设施，确保软件开发的物质基础。因此，程序编制语言选择尤为关键，应充分考虑整体结构、环境要求、编程语言特点合理应用。并围绕行业、领域特征，以及工作要求选择编程语言，确保其匹配优良程度，减少硬件更换对软件应用的影响。为扩大软件的实用性，需围绕环境要求、时代发展对软件开发要求等选择语言。

（二）综合应用领域及行业特点

应围绕软件应用的领域或行业特征选择编程语言。例如，C 语言、C++语言适用于简单软件编写；Java 语言、Pascal 语言适用于复杂软件编写。如通信领适用于 C++语言编写，商业领域适应于 Java 语言、Proloc 语言等编写，尽量减少编程语言对不同领域行业软件应用的负面影响。

（三）综合整体结构特征

应围绕项目目标编程语言编写软件，整体结构对各类编程语言的转换便携限制度不同，可围绕软件功能合理编写。综合分析信号处理、图像处理等确保软件编写为静态语言。

（四）根据个人专长选择

编程语言众多，优势各不相同，为确保软件的开发、后期维护的效率，尽量选择符合个人专长的语言设计软件，在节省工作量、精力的同时，可对开发周期、完成时间进行明确预算。软件编写中可根据以往经验规避漏洞隐患，提高软件应用的稳定性与安全程度。

三、编程语言对计算机软件开发的影响

（一）C 语言的影响

C 语言是最早的程序设计语言，程序员普遍对 C 语言有所了解，但随着软件开发要求的增加，目前用 C 语言编写的软件已微乎其微，这与 C 语言的局限性有关。C 语言是一种面向过程的程序设计语言，利用其编写软件，需细分算法设计环节的事件步骤，计算机软件功能越烦琐，软件功能实现需要的程序编写就越复杂，再加之事件步骤细分，工程量庞大，开发难度很大。

（二）C++语言的影响

C++语言比 C 语言适用范围广，软件功能实现的程序编写过程更加简洁。但是，在现代化的计算机软件开发中，C++语言的使用频率 C 语言相差不大。C++语言用于计算机软件开发花费的时间长，通常由多人协作完成，模块化程序间的联系程度、兼容性，直接决定了软件开发的效率与质量。

（三）Java 语言的影响

Java 语言编写软件程序比 C 语言、C++语言更加简洁，软件功能实现效果相对理想，但 Java 语言在软件开发中也存在局限性。Java 语言可轻松制作基础图形渲染效果，但高级图形渲染制作实现效果不理想。同时，计算机部分软件与 Java 语言存在冲突，基于此利用 Java 语言编写软件程序，难免会对软件开发产生不同程序的负面影响。

（四）Basic 语言的影响

当前的 Basic 语言已经不是主流，掌握 Basic 语言的人数逐渐下降。但是，Basic 的版本仍在不断拓展，如 Pure Basic、Power Basic 等，且 Basic 语言在各应用行业、领域的作用不可忽视，如 Synlbian 平台的应用等。Basic 语言对计算机软件开发的影响虽然逐渐减少，但计算机软件对 Basic 语言的应用需求从未降低。

（五）Pascal 语言影响

纯 Pascal 语言编写的软件微乎其微，应用范围也比较狭窄，如 Pascal 编写的苹果操作系统，已经逐渐被基于 Mac OS X 的面向对象的开发平台的 Objective-C、Java 语言代替。Delphi 在国内电子政府方面的操作系统中有着广泛应用，如短信收发、机场监控等系统。最大的影响是能轻松描述数据结构、算法，同时培养独特的设计风格。

应用于计算机软件开发的编程语言种类多样，不同编程语言对计算机软件开发的影响主要体现在对软件整体规划、软件开发者专业技能、软件开发平台适用、用户使用软件兼容性等方面的影响，对此在选择语言时需注意整体内外环境、应用的行业及领域等方面问题，确保软件的实用性。

第四节　计算机软件开发中软件质量的影响因素

伴随社会经济的飞速发展，计算机软件在诸多行业领域得到广泛应用，人们对计算机软件的运行速度、实用性等也提出了越来越高的要求。本节通过分析计算机软件开发中软件质量的影响因素，对计算机软件开发中软件质量影响因素的应对提出“加大计算机软件开发管理力度”“严格排查计算机软件代码问题”“提高软件开发人员的专业素质”等策略，旨在为研究如何促进计算机软件开发的有序开展提供一些思路。

计算机已经进入人类生产生活的各个领域，计算机软件作为人与硬件之间的连接枢纽，同样随着计算机进入人类生产生活的方方面面。计算机软件的发展历程，某种程度上即为信息产业的发展历程。计算机软件的不断发展，提高了社会生产力，改善了人们的生活水平，增强了现代社会的竞争。在计算机软件开发过程中，务必要充分掌握影响软件开发质量的因素，并结合各项因素采取有效的应对策略，真正意义上提高计算机软件开发质量。

一、计算机软件开发中软件质量的影响因素

现阶段，计算机软件开发中软件质量的影响因素，主要包括：

（一）计算机软件开发人员缺乏对用户实际需求的有效认识

要想确保计算机软件开发质量，首先要充分掌握用户对计算机软件的实际需求，不然便会使计算机软件质量遭受影响，进而也难以满足用户对软件提出的使用需求。出现这一情况的主要原因在于，在计算机软件最初开发阶段，开发人员未与用户进行有效交流沟通。因而唯有对此环节提高重视，并在计算机软件开发期间及时有效调试计算机软件，方可切实满足用户在软件质量上的需求。

（二）计算机软件开发规范不合理

计算机软件开发是一项复杂的系统工程，而在实际软件开发过程中，却存在诸多情况导致没有依据相关规范进行开发，因此原本需要投入大量时间才能完成的开发工作却仅用小部分时间便完成了，使得计算机软件开发质量难以得到有效保证。

（三）计算机软件开发人员专业素质不足

计算机软件开发质量受软件开发人员专业素质很大程度的影响。在计算机软件开发过程中，开发人员可能受各式各种因素的影响而脱离岗位。相关调查统计显示，软件开发行业存在较大的人员流动性，该种人员流动势必会使得软件开发受阻，对软件质量造成不利影响。虽然在软件开发人员离开岗位后可迅速找到候补人员，然后要想其融入软件开发团队必须要花费一定的时间，由此便会对软件开发造成进一步影响。此外，软件开发人员还应当具备较高的专业素质。

随着计算机软件行业的不断发展，从业人员不断增多，但是整体开发人员专业素质还有待提高。

二、计算机软件开发中软件质量影响因素的应对策略

（一）加大计算机软件开发管理力度

在计算机软件开发前，明确及全面分析用户实际需求至关重要。软件开发人员应当从不同方面、不同角度与用户开展沟通交流，依托与用户的有效交流可了解到用户的切实需求，进而在软件开发初期便实现对用户需求的有效掌握，为软件开发奠定有力基础。在计算机软件开发过程中，倘若出现因为开发前期沟通不全面或后期用户需求发生转变等情况，则应当借助止损机制、缺陷管理等对软件开发工序、内容等进行调整。除此之外，对用户需求开展分析，按照需求的差异，可做不同分类，进而进行逐一满足，逐一修改。应当真正意义上实现对用户需求的有效分析，并结合用户需求建立配套方案，并且要提高根据用户需求转变而实时动态调整方案的能力，如此方可为计算机软件开发提供可靠的质量保障。

（二）严格排查计算机软件代码问题

通常情况下，计算机软件的质量问题往往与软件代码存在极大的关联，因而要想保证计算机软件开发质量，就应当提高对代码问题处理的重视，因此应该要求软件开发人员在日常工作中严格对计算机软件代码进行排查，并提高自身的有效意识，进而在保证软件代码正确的基础上进行后面的开发工序，切实保证计算机软件开发的质量。通过对软件代码问题的严格排查，软件开发人员在找出代码问题、确保软件质量的同时，还有助于形成严谨的思维方式，养成良好的工作习惯，提高对技术模块内涵的有效认识，提高计算机软件开发质量、效率。

（三）提高软件开发人员的专业素质

高素质的开发团队可确保开发出高质量的产品，同时可确保企业的效益及企业的形象。所以，软件开发人员务必要提高思想认识，加强对行业前沿知识、领先经验的有效学习，对自身现有的各项知识、工具予以有效创新，保持良好的工作态度，全身心投入计算机软件开发中，为企业创造效益。对于企业而言，同样应确保软件开发人员的薪酬待遇，确保他们的相关需求得到有效满足，并不断对软件开发人员开展全面系统的培训教育，如此方可把握住人才，发展人才，方可推动企业的不断发展。

总而言之，在计算机软件实际开发中，软件质量受诸多因素影响，应对这些影响因素，需要企业与软件开发人员共同努力。因而，不论是计算机软件开发企业还是计算机软件开发人员均应当不断革新自身思想理念，加强对计算机软件开发中软件质量影响因素的深入分析，“加大计算机软件开发管理力度”“严格排查计算机软件代码问题”“提高软件开发人员的专业素质”等，积极促进计算机软件开发的顺利进行。

第五节　计算机软件开发信息管理系统的实现方式

本节首先对计算机软件开发信息管理系统的设计要点进行分析，在此基础上对计算机软件开发信息管理系统的实现方式进行论述。期望通过本节的研究能够对计算机软件开发信息管理水平的提升有所帮助。

一、计算机软件开发信息管理系统的设计要点

在计算机软件开发信息管理系统（以下简称本系统）的设计中，相关模块的设计是重点，具体包括：信息显示与查询、业务需求信息管理、技术需求信息管理以及相关信息管理。下面分别对上述模块的设计进行分析。

（一）信息显示与查询模块的设计

该模块的主要功能是将本系统中所有的软件开发信息全部显示在同一个界面之上，界面的信息列表中包含了公共字段：信息标号、名称、种类等，对列表的显示方法有以下两种，一种是平级显示，一种是多层显示。

1.平级显示

平级显示模式能够将本系统中所有的软件开发信息集中显示在同一个列表中。

2.多层显示

多层显示模式能够展现出本系统中所有信息主与子的树状关系，并以根节点作为起步点，对本系统中含有的信息进行逐级显示。

上述两种显示模式除了能够相互切换之外，还能通过同一个查询面板进行查询，并按照面板中设置的字段，查询到相应的结果。除此之外，在第一种显示模式的查询中，有一个需求信息的显示选项，用户可以按照自己的实际需要进行设置，如只显示技术需求或是只显示业务需求，该功能的加入可以帮助用户更为方便地使用本系统。对软件开发信息的查询则可分为两种方式，一种是基本查询，另一种是高级查询，前者可通过关键字对软件开发信息进行查询，后者则可通过多个字段的约束条件完成对软件开发信息的查询。

（二）业务需求信息管理模块的设计

这是本系统中较为重要的一个模块，具体可将其分为以下几个部分：

1.基本信息

基本信息部分为业务需求的基本属性，如名称、ID、所属、负责人、设计者，等等。

2.工作量

工作量部分除了包括预计和完成的工作量的计算之外，还包含各类工作量的具体分配情况。

3.附件

附件部分是与业务需求有关的信息，如文档、图片等，用户可对附件进行上传和下载操作，列表中需要对附件的描述进行显示，具体包括上传时间、状态等信息。

4.日志

自信息创建以后，对它的每次改动都是一条日志，在相关列表中，可显示出业务需求的全部更改日志，其中包含日志的ID、更改时间、操作者等。

对于同一个项目而言，业务需求是按照优先级进行排序的，业务需求的优先级越高，排列得就越靠前，反之则越靠后，对优先级的排序值，会记录到技术需求上。系统以平级显示业务需求时，可同时选择多个，并对其进行批量修改，由此提高了用户的编辑效率，这是该模块最为突出的特点。

（三）技术需求信息管理模块的设计

该模块与业务需求信息管理模块都是本系统的重要组成部分，大体上可将之分为以下几个部分：

1.基本信息

与业务需求信息类似，该部分是技术需求的基本属性，如名称、ID、开发者、开发周期、预计与实际工作量等。

2.匹配业务需求

该部分具体是指技术需求所配备的业务需求，在列表中包括以下几个字段：匹配的名称、ID、项目和优先级。

3.附件与日志

附件与日志部分的内容与业务需求信息相同，在此不进行复述。

（四）相关信息管理模块的设计

这里所指的相关信息主要包括版本信息、产品及其领域、项目信息。其中版本信息包括：名称、起止时间、开发周期等。在该管理模块中，设置版本的相关信息后，本系统会自行将该版本的开发时间按周期长度进行具体划分，并在完成维护后，技术需求开发周期下的菜单会将该版本的开发周期作为候选的内容；项目信息中含有一个工作量字段，其下全部信息的工作量之和不得大于分配的工作量。

二、计算机软件开发信息管理系统的实现方式

上文对本系统中的关键模块进行了设计，下面重点对这些模块的实现方式进行论述。

（一）系统关键模块的实现

1.显示与查询模块的实现方式

本系统中所包含的信息类型有以下几种：业务需求、技术需求、项目、产品及其领域、发布版本，上述几种信息的关系为主与子。

本系统中信息的显示方式有两种，即平级和多层。在平级显示模式中，用户能够利用 ID Path 找到信息在主子关系树中的路径，当用户点击 Show Ghildren 后，可对所选信息的自信息进行查看。平级与多层显示之间能够相互切换，当显示界面为平级时，单击 Hierarchical，便可将显示模式切换至多层，如果想切换回来，只需要单击 Plat List 即可。

在本系统中信息的查询分为两种形式，一种是基本查询，一种是高级查询，前者的查询方法为：单机下拉菜单 Show，此时会显示出可供选择的项目，如 Show all、Show requirement 以及 Show work package。当用户需要进行高级查询时，可在基本查询面板中单击 Advance 链接，查询过程中用户只需要输入多个字段，便可对系统中的信息进行查询。

2.业务需求信息模块的实现方式

由上文可知，业务需求信息模块分为四个部分，即基本信息、工作量、附件和日志。在基本信息中，ID 为必填项，新建的业务需求在保存后，系统会对其进行自动填写，业务需求的创建人及信息的创建时间等内容，也是在保存后由系统自动进行填写，这部分内容不可以直接进行修改；可将附件视作为与业务需求相对应的技术文档，用户在附件管理界面中，可填入相关的信息，如附件状态、完整时间等，然后点击附件列表中的链接，便可对附件进行下载操作。若是需要对附件链接进行修改，用户只要选择列表中的一条记录，并在下方的文本框内输入便可实现。对业务需求信息进行修改后，系统会自行生成一条与之相关的日志。

3.技术需求信息模块的实现方式

技术需求信息模块中，基本信息、附件、日志等业务的实现过程基本与业务需求信息模块的实现过程类似，在此不进行重复介绍。与业务需求相比，技术需求多了一个匹配部分，用户可在该部分中直接添加所匹配的业务需求，即同个领域或同个项目。该模块的优先级信息将会自动从匹配的业务需求中获取。

4.相关信息模块的实现方式

（1）版本信息管理的实现

用户可在该界面中，对一定内容进行设置：版本开发周期长度、开发起止日期。当用户单击 Auto-fi ll Talk 按钮后，系统会按照用户预先设定好的内容，对版本开发时间进行自动划分。同时，用户也可手动对开发周期进行添加或删除。

（2）产品及其领域信息管理

可将产品领域设定为子领域，并在对技术需求信息进行管理时，将领域信息作为候选对象。

（3）项目信息管理

可填入带有具体单位的工作量，如每人/每天，并以此作为项目的大小，设置完毕后，该项目下所有任务的工作量之和，不可以超过项目的总工作量。

（二）系统测试

为对本系统进行测试，可将之嵌入助力企业发展产品中，作为该产品的一个扩展模块。本系统的测试工作在集成测试完成后，根据设计需求，对系统进行相应测试，主要目的是通过测试检查程序中存在的错误，分析原因，加以改进，借此来提升系统的可靠性。具体的测试如下：

1.功能测试

功能测试只针对系统的功能，测试过程中不考虑软件的结构和代码，测试过程以界面及架构作为立足点，根据系统的设计需求，对测试用例进行编写，借此来对某种产品的特性及可操作性进行测试，确定其是否与要求相符。

2.性能测试

性能测试的主要目的是验证软件系统是否符合用户提出的使用要求，并通过测试找出软件中存在的不足和缺陷，同时找出可扩展点，对系统进行优化改进。

3.安全测试

安全测试具体是指在对系统进行测试的过程中，检查其对非法入侵的防范能力。

第六节　基于多领域应用的计算机软件开发

随着现代社会经济发展水平逐步提升，社会科学技术实现综合性拓展，一方面，数字化系统逐步研发，依托计算机数据平台建立的大数据处理结构得到拓展；另一方面，数字化应用范围逐步扩大，在社会医疗、建筑等方面的应用领域更加广阔，实现了社会资源综合探索。

一、计算机软件开发实践研究的意义

计算机软件开发是社会资源综合拓展的重要需求，对计算机软件开发实践分析，有助于在计算机系统实践中，弥补系统开发的不足，推进大数据网络平台的资源应用、管理结构更加完善，也是推进现代社会发展动力的主要渠道；从社会资源管理角度分析，计算机软件开发为社会发展带来间接的财富，对计算机软件开发实践研究，也是社会资源积累的有效途径。

二、计算机软件开发实践核心

一方面，计算机软件开发实践的核心是计算机系统网络完善的过程。例如，计算机软件在现代室内设计中的应用——CAD 软件。CAD 软件将二维平面图形通过计算机虚拟平台，转化为三维空间图。使用 CAD 软件，可以根据室内设计的需求，随时对室内设计数据、高度、方向进行灵活调整，然后软件自动进行新设计信息的智能化存储，满足了现代社会室内设计结构调整的需求，实现了现代计算机系统开发资源各部分的多样性开发。

另一方面，计算机软件开发实践的核心是计算机软件开发系统随着社会发展进行软件更新，满足现代社会发展需求。例如，计算机软件在现代企业内部管理中的应用——人力资源系统。人力资源系统能够依据人力资源数据库中的信息，实现人才绩效考核信息的及时更新，为企业人才管理提供权威的信息管理需求。

基于以上对计算机软件开发实践的分析，将计算机软件开发实践核心概括为实用性和创新性两方面，现代计算机系统开发，正是在基于这两点要求的基础上，实现计算机软件多领域应用。

三、基于多领域应用的计算机软件开发实践探析

（一）现代互联网平台的应用

计算机软件开发，对于推进社会经济发展也发挥着重要作用，现代计算机软件的开发，也为现代互联网平台的自身发展带来更加广阔的探索空间。最常见的计算机软件开发实践为多种手机客户端，计算机软件将巨大的网络运行拆分为多个单一的、小规模的运行系统，用户可以依据需求进行系统更新，保障了计算机软件应用范围的扩大，软件系统的应用选择空间增多。例如，淘宝、携程手机客户端等形式，都是计算机系统自动化开发的直接体现。另外，计算机软件开发与更新，也体现在互联网平台内部管理系统逐步优化。传统的计算机系统安装主要依靠外部驱动系统进行，计算机系统自身无法进行自动更新，而现代软件开发在系统程序中安装自动检验命令，当计算机系统检验到新系统时，可以自动执行性更新命令，保障计算机系统可以自动更新。

（二）医疗技术的开发

计算机软件开发，为社会信息存储和应用提供了更加灵活的应用平台，在现代医疗卫生领域的应用最为明显。医疗卫生事业的信息总量大，同时信息资源保留时间具有不确定性特征，现代计算机软件的开发，实现了信息资源存储短时记忆和长期记忆两种形式，为现代医疗信息存贮带来了有力的信息应用保障。短时记忆的信息存储时间设定为5年，即如果病人到医院就诊，完成一次病人信息数据输送，医院信息存储的数据系统会自动保存五年；而长期信息记忆，是针对医疗中特殊案例，需要长期进行资料保存，医护工作者将这一部分信息转换为长期存储，计算机软件将这部分信息上传到云空间中，达到对医疗信息长期存储的目的。另外，计算机软件开发在现代医疗技术中还有其

他应用，例如，磁共振，加强磁共振等技术的应用，依据计算机系统软件开发的进一步实践，大大提高了现代医疗技术的诊断准确性。

（三）城市规划技术的发展

计算机软件开发实践，是现代社会发展的技术新动力，为现代社会整体规划带来全面的指导。一方面，计算机软件开发在现代城市规划中的应用，体现在应用计算机系统，可以建立城市规划设计平面图，实现现代城市规划中道路、建筑、桥梁以及河道等多方面设计之间的综合规划。用计算机软件建立的虚拟模型，可以保障计算机系统在城市整体发展中的应用，合理调节城市规划中各部分所占的比重，为现代城市建设提供了全面的系统性保障，从而合理优化现代城市系统资源综合应用。另一方面，计算机软件开发系统在现代城市规划中的应用，体现在计算机软件开发在城市建筑中的融合，例如，现代城市建筑中应用 BIM 技术实现建筑系统的整体优化。BIM 技术可以实现系统资源综合应用，设计师可以通过建筑模型，分析建筑工程开展中的建筑结构，使其更加完善，保障城市建筑结构体系。计算机软件开发在现代城市规划中的应用，可以将平面设计模型转化为立体建筑模型，实现现代系统综合化拓展，也能为城市建设结构优化发展带来技术保障。

（四）室内设计的应用

计算机软件开发在室内设计中的应用，为室内设计提供了更加有力的系统保障，计算机软件开发中的室内设计软件，主要是 CAD 和 PS 处理系统等，使用它们可以进行室内设计的空间模拟规划。同时，CAD 和 PS 软件都可以实现室内设计图的逐步扩大，可以实现室内设计的精细化处理，实现现代室内设计结构逐步优化，保障室内设计空间规划的紧凑性和美观性的综合统一，为现代室内设计系统的资源管理带来了更专业的技术保障。

此外，计算机软件开发是在现代社会中的应用，也体现在社会传媒广告设计中。例如，PS 技术是现代平面传媒设计常见的计算机软件技术，通过 PS 技术，可以对平面设计中色彩、图像、清晰度等进行多方面的调整，实现现代图像处理系统的资源综合开发与应用，美化平面图形设计的应用需求，使平面设计的设计艺术性和审美价值更加直接地体现出来。

第七节　计算机软件开发工程中的维护

随着科学技术的不断发展，近年来，我国计算机技术也得到了飞速的发展，计算机技术在各行各业以及人们的生活中都发挥着重要的作用，为人们的生活、生产、工作带来了巨大的便利。在计算机技术应用过程中必然会用到相应的计算机软件，因此为了更好地保证计算机技术应用的质量和效率，就必须注重计算机软件开发工程的维护。本节对计算机软件开发工程的维护进行深入的分析，希望能够为相关工作者提供一些帮助和建议。

随着社会经济的快速发展，人们已经逐渐步入了信息化时代。在信息化时代下，人们的生活、生产模式都发生了巨大的改变，比如在计算机技术的不断进步和发展下，其为人们的生活就带来了巨大的便利。现如今，计算机技术已经被广泛地应用在各行各业中，并且发挥着尤为重要的作用。计算机技术的运用更多的是依靠其软件的支持，因此想要保证计算机的使用性能和工作效率，就必须保证计算机软件的质量和可靠性。就目前来看，计算机软件越来越多样化，其在为人们提供便利的同时，也为计算机增加了诸多危险因素，比如病毒、黑客等这些问题就会给计算机用户带来较大的影响，甚至造成严重的危害。对此，需要加强计算机软件开发工程的维护工作，通过科学有效的维护来保证计算机软件的安全性、可靠性，进而为计算机的安全有效运行提供保障。

一、计算机软件开发工程维护的重要意义

软件是计算机技术发展过程中的直接产物，软件与计算机之间有着紧密的联系，在软件的支撑下计算机的相应功能才能够得到体现，所以软件是计算机功能发挥的载体。传统的计算机在语言方面存在较大的限制，而通过计算机软件就可以实现人与计算机的交流和互动。由此可见，软件的产生直接影响了计算机功能的发挥。而一旦计算机软件出现问题和披露，那么自然会影响到计算机的正常运行。因此，为了保证计算机运行质

量和性能，就必须加强计算机软件开发工程的维护。

首先，计算机软件开发工程的维护是确保用户工作顺利的重要保障。现如今计算机已经被广泛地应用于各行各业中，而计算机的应用离不开软件的协助，所以在计算机广泛应用的背景下，各种各样的软件也层出不穷。而通过对计算机软件工程进行合理的管理、维护，就可以避免故障的发生，从而有效促进用户工作的顺利开展。其次，计算机软件开发工程的维护是促进软件更新及开发的重要动力。在计算机软件工程维护过程中，工程师可以及时发现计算机软件存在的问题和不足，进而更好地对计算机软件进行针对性的优化和升级，这样一来就在很大程度上为促进软件更新及开发提供了动力。最后，通过对计算机软件工程进行维护，还可以在一定程度上提高个人计算机水平。由此可见，计算机软件开发工程的维护具有重要的意义和作用。

随着计算机技术的不断发展和进步，计算机的应用也越来越广泛和深入，在此背景下，软件开发工程就面临着一定的挑战。现如今，人们对计算机的要求越来越高，比如在计算机功能、质量、费用等方面都有了较高的需求，因此为了更好地满足用户需求，多种多样的计算机软件就被开发出来。多样化的计算机软件虽然能够满足人们对计算机的不同需求，但是这也在很大程度上提高了计算机开发工程的维护难度。用户需求的不断提高增加了计算机软件工程的开发难度，再加上人们对计算机软件需求在不断地变化，从而在很大程度上提高了计算机软件工程的运营维护难度。比如，在计算机运行过程中，常常会出现病毒、木马、黑客等问题，而这些问题的很大一部分原因都与软件开发工程的维护不当有关。软件开发工程的维护与计算机的安全性和可靠性有着直接的关系，当软件开发工程无法得到有效的维护时，那么就会对计算机的正常安全运行构成威胁。

二、计算机软件开发工程的维护措施

（一）提高计算机软件工程实际质量

软件工程在实际运行过程中，其自身的质量与软件运行的质量和效率有着直接的关系，因此，想要保证计算机的正常稳定运行，提高软件工程的实际质量是尤为关键的内容。只有提高了软件工程的实际质量，才能够避免软件工程出现问题和披露，进而有效降低软件工程的运行成本以及维护成本。加强计算机软件工程的实际质量可以从两个方面入手，一方面，重视组织机构的管理。作为管理人员需要重视对各类工作人员的任务分配，保证工作人员组织结构的完整性，以及保证信息完整上传下达。这样也可以在很大程度上为计算机软件开发提供支持，进而促进计算机软件工程质量的提高。另一方面，需要提高计算机软件工程工作人员的综合能力及综合素养。作为软件开发工程师，必须具备专业的能力和水平，同时还应该具有良好的实际素养，这样才能够保证软件工程实际质量的提升。在软件开发过程中，针对不同的工作人员应该明确其职责，保证自身分内工作的质量和效率，进而提高整体软件工程的质量。

（二）加强对计算机维护知识的宣传

计算机软件开发工程的维护不仅需要从工程实际质量方面采取措施，同时还需要多方协作来提高维护效果。作为计算机使用者，应该充分发挥自身在计算机软件工程管理维护中的作用，通过加强对计算机软件工程维护知识的宣传工作，积极将计算机软件工程维护的理念树立在每一个计算机施工人员的思想中。另外，还要加强对软件工程维护知识的讲解，使得每一个用户都能够认识到计算机软件工程维护的重要性，并掌握一些基础的维护技能。用户在日常使用计算机过程中，应该加强对系统的维护、软件的更新、杀毒等，以此来避免计算机在运行过程中出现问题。作为网络管理人员，也应该在计算机软件工程维护中发挥作用，比如网络管理人员可以在相应的电脑界面上给出维护建议，并及时提醒计算机用户对电脑进行维护。

（三）健全软件病毒防护机制

在计算机运行过程中，软件发生问题和故障的很大一部分原因是病毒造成的，因此为了更好地保证软件的运行质量和可靠性，就需要健全软件病毒防护机制，通过对病毒进行防护，来更好地维护计算机软件工程。软件病毒防护机制主要是通过安装可靠的病毒防护软件来实现的，病毒防护软件可以实现对病毒的有效监测，一旦发现有病毒入侵，立马采取措施进行查杀，杜绝病毒对软件造成的影响。病毒防护软件可以有效抵制90%以上的病毒，从而有效保证计算机软件的可靠性和安全性。在安装了病毒防护软件后，还需要定期对电脑进行杀毒、系统优化等措施，充分利用病毒防护软件来保证电脑的安全。

（四）优化计算机系统盘软件

系统盘是计算机的核心部分，为了保证系统盘的正常有效运行，在安装软件过程中需要注意控制安装软件的数量，太多的软件会影响到系统盘的运行效率和运行速度。另外，还需要定期对计算机系统盘进行清理，比如对一些长期不用的软件可以进行卸载，释放系统盘的空间，使系统盘中的软件得到优化，从而促进系统盘更加流畅地运行。一般来说，就电脑 C 盘而言，其系统空间最好保持在 15G 以内，超过 15G 就容易对计算机的运行效率和运行速度产生影响。当计算机系统盘软件得到了优化，也可以在很大程度上提高计算机的运行质量和效率。

随着信息化时代的不断深入，计算机在社会各行各业中发挥的作用也越来越大，作为社会中应用极为广泛的电子设备，其已经逐渐成为人们生活、生产中的重要组成部分。因此，为了更好地保证计算机的运行质量和安全性，就必须加强计算机软件开发工程的维护工作，通过科学有效的维护来保证计算机软件的安全性、可靠性，进而为计算机的安全有效运行提供保障。

第六章　软件开发的过程研究

第一节　CMM 的软件开发过程

软件产业是一个新兴产业，近些年来，随着计算机技术的飞速发展，软件产业迅速壮大。中国软件产业起步较晚，不仅在人才和技术方面与先进软件产业国家之间有较大的差距，在管理方面也相差很大。CMM（Capability Maturity Model）是能力成熟度模型的简称，它可以在组织定义、需求分析、编码调试、系统测试等软件分析的各个过程中发挥作用，提高软件开发的质量和速度。本节简要介绍了 CMM 和基于 CMM 的软件开发过程，并提出了 CMM 软件开发过程中需要解决的三个问题。

目前，CMM 是近些年来国际影响力最大的软件过程国际标准，它整合了各类过程控制类软件的优势，提高了软件开发的效率和质量。软件开发需要成熟先进的技术和完善的系统总体设计，CMM 三级定义的软件开发流程使软件开发更简单，对项目的进度和状态的判断更准确。因此，研究易于 CMM 的软件开发过程对软件产业的发展十分重要。

一、CMM 软件开发概述

（一）CMM 概述

能力成熟度模型英文缩写为 SW-CMM，简称 CMM，它是对于软件组织在定义、实施、度量、控制和改善其软件过程的实践中各个发展阶段的描述，它于 1991 年由卡耐基-梅隆大学软件工程研究院正式推出。CMM 由成熟度级别、过程能力、关键过程域、目标、共同特点、关键实践六部分构成，它的核心是把软件开发当成是个过程，并基于这一思想对软件开发和维护过程进行监测和研究，目的是改进旧日烦琐的软件开发过程。除此之外，CMM 还可用于其他领域过程的控制和研究。

CMM 的重要思想是它的成熟度级别的划分，它将软件开发组织从低到高分为五个等级，第一级是初始级，这一级软件开发组织的特点是缺乏完善的制度、过程缺乏定义、规划无效；第二级是可重复级，这一级的软件开发组织基本建立了可用的管理制度，可重复类似软件的开发，因此这一级有一重要的过程—需求管理；第三级是已定义级，软件企业将软件开发标准化，可以按照客户需求随时修改程序，这一级的重要过程是组织过程；第四级是已管理级，软件企业将客户需求输入程序，程序自动生成结果并自动修改，这一级的重要过程是软件过程管理；第五级是优先级，软件企业基于过程控制工具和数据统计工具随时改变过程，软件质量和开发效率都有所提高，这一级的重要过程是缺陷预防。CMM 成熟度的划分对国内软件开发组织的自我定位和进步都有很大的影响。

（二）CMM 软件开发过程

首先进行项目规划。软件开发人员先了解客户的需求，通过调查问卷、投票等形式搜集信息，相关人员对信息进行归纳处理，提出新的软件的创意，小组人员讨论出软件的小改模型之后进行可行性分析并研究探索新创意的创新性和可行性，提出模型中需要解决的问题，估计项目所需的资金和人力资源，列成项目计划书交付评审。

评审通过后，确定软件的具体作用，明确新软件的功能，在目标客户范围内搜集信息，建立准确的模型，制定软件开发计划。先进行概要设计，构建系统的轮廓，根据软件开发计划划分系统模块并建立逻辑视图，建立逻辑视图的核心是对信息进行度量，设计工作量、审核工作量、返工工作量以及完善设计中存在的缺陷等，设定软件标准和数据库标准。然后进行详细设计，针对每一个单元模块进行优化设计，审核设计中的缺陷和未完善之处，将概要设计阶段引入的函数进行详细分解，运用程序语言对函数进行具象的描述，将代码框架填充完整，补充需求跟踪矩阵，最后设计以模块为单元的测试。

完善设计方案后，开始编码调试。先进行编码，小组每个人的编码成果都要经过其他人的检查，以防出现漏洞，然后按照测试设计进行单元测试。单元测试无误后进行集成测试，系统集成完毕后将所有测试用例用来测试，系统零失误通过测试说明系统无漏洞，否则检查漏洞重新测试，测试结果形成测试报告留存。软件交付客户验收前进行最后一次测试，检测软件功能与客户需求之间的差距，测试人员在客户提出的每个情境下测试软件功能，测试无误后交予客户。客户验收无误后，小组每个成员针对自己负责的模块进行经验总结，总结基于 CMM 的软件开发经验。

（三）CMM 在软件开发中的作用

CMM 在项目管理活动、项目开发活动、组织支持活动三个方面都可发挥作用，对提高软件开发的质量和效率有很大的影响。然而，目前我国基于 CMM 的软件开发还处于起步阶段，主要应用的领域是铁路信号系统、海关软件开发、军用软件开发、雷达软件等，CMM 推进了铁路新开系统的开发和利用，拓宽了海关软件开发的平台，承接了以前军用软件开发轴端，提高了雷达软件开发质量。在更广大的领域，CMM 还应充分发挥其自我评估、主人评估的作用，为更多的软件开发组织解决软件项目过程改进、多软件工程并行的难题。

二、基于 CMM 的软件开发过程需要解决的问题

（一）软件开发平台的实现

软件开发平台是基于 CMM 的软件开发的基础。目前软件开发的代表性理论是结构化分析设计方法，它利用图形描述的方法将数据流图作为手段，更具体地描述了即将开发的系统模型。在程序设计中，它将一个问题分解为许多相关的子集，每个子集内部都是根据问题信息提取出的数据和函数关系，将这些子集按照包含与被包含的关系从上到下排列起来，定义最上面的子集为对象，即新的数据类型，平台开发的基础就是这个新的数据类型，平台的框架则是将表现层、业务层、数据交换层用统一的结构进行逻辑分组。

（二）软件组织中的软件过程控制

软件过程是用于开发和维护软件的方法和转换程序，工程观点、系统观点、管理观点、运行观点和用户观点缺一不可，软件过程控制的核心是尽量不和具体的组织机构及组织形式联系的原则，它需要定义和维护软件过程，将硬件、软件、其他部件之间的接口标准化，并确定各组织机构的规范化，制定过程改进的计划后，要先选定几个具有普遍特征的项目作为测试项目，先进行试运行，确定软件过程控制的有效性，准确地记录

过程控制的数据和具体问题，运用 CMM 将这些问题解决后，将过程控制程序应用到所有的项目中。

（三）软件过程改进模型

软件过程改进模型的核心是评估系统在服务器端的实现流程，登录系统后对新项目进行描述，在线进行项目需求文档编写，同时指派 SQA（软件质量保证工程师）人员到项目组进行指导，根据需求文档制定项目 SCM（供应链管理）计划，进而得出跟踪需求，收集当前软件过程中的实际数据并与计划值比较，报告比较结果，若结果在误差允许范围之内，则项目结束，如超出误差允许范围，则调整项目计划，调整后的项目计划再进行以上流程，直至实际数据与计划值的差在误差允许范围之内，软件过程改进模型建立完毕。

目前，国际大多数软件开发过程和质量管理都遵循 CMM，在软件开发中，CMM 的各个关键过程都有对应的角色和负责的阶段，对软件开发的速度和质量的提高有重要的意义。在我国，基于 CMM 的软件开发过程的研究正处于起步阶段，CMM 还有很多功能没有挖掘出来，在基于 CMM 的软件开发过程中，工作人员要充分发挥和挖掘 CMM 的价值，大胆创新，在实践中改进软件控制、软件开发管理等过程，不断提高软件开发的能力。

第二节　软件开发项目进度管理

进度管理是软件开发项目管理的重点，贯穿整个软件项目研发过程，是保证项目顺利交付的重要组成部分。本节从软件开发项目特点出发，阐述软件项目管理现状，分析影响项目进度管理的因素，将现代项目管理理论与信息化技术结合并应用到项目管理中，理论结合实际，验证进度管理在软件开发项目中的重要性，可为同行业后续类似的软件开发项目提供借鉴与参考。

随着信息技术的不断发展及普及，移动互联网、云计算、大数据及物联网等新技术不断与现代制造业结合，越来越多的软件项目立项。在软件项目开发过程中，无论是用户还是开发人员都会遇到各种各样的问题，这些问题会导致开发工作停滞不前甚至失败。软件项目能否有效管理，决定着该项目能否成功。因此，如何做好软件项目管理中的进度控制工作就显得尤为重要。

一、软件开发项目的管理现状

国内外软件开发行业竞争越来越激烈，软件项目投资持续增加，软件产品开发规模和开发团队向大规模和专业化方向发展。因为起步晚，国内绝大多数软件公司尚未形成适合自身特点的软件开发管理模式，整个软件行业的项目管理水平偏低，与国际知名软件开发公司有一定的差距，综合竞争能力相对较低。

首先，缺乏专业的项目管理人员，软件项目负责人实施管理主要依靠技术和经验积累，缺少项目管理专业知识；其次，在项目开始阶段缺少全局性把控，制订的项目计划趋于理想化，细节考虑不周，无法进行有效的进度控制管理，导致工作进度滞后；再次，项目团队分工不合理，项目成员专业能力与项目要求不匹配，成员各行其是，进行着重复甚至无效的工作，从而影响项目进展；最后，项目负责人不重视风险管理，没有充分意识到风险管理的重要性，面对风险时缺少应急预案，使原本可控的风险演变成导致项目受损甚至失败的事件。因此，必须在整个软件开发项目周期内保持对项目的进度控制，当遇到问题时给出合理的解决措施，将重复工作、错误工作的概率降到最低，使项目目标能够顺利实现，使企业能够获得最大利润。

二、软件开发过程中影响进度管理的因素分析

项目管理有五大过程：启动、计划、执行、控制与收尾。软件项目管理是为使软件项目按时成功交付而对项目目标、责任、进度、人员以及突发情况应对等进行分析与管理。影响软件开发项目进度的因素主要有：人的因素、技术的因素、设计变更的影响、自身的管理水平及物资供应的因素，等等。对项目进行有效的进度控制，需要事先对影响项目进度的因素进行分析，及时地使用必要的手段，尽可能调整计划进度与实际进度之间的偏差，从而达到掌握整个项目进度的目的。

（一）进度计划是否合理和得到有效执行

项目在开发过程中都会制订一个进度计划，项目进度和目标都比较理想化，在面对突发情况时没有相应的应急处理预案，无法保证项目进度计划的有效执行。主要体现在制订项目进度计划时由于管理人员自身专业局限性，对项目目标、项目责任人、研发人员和项目周期都有明确划分，但对项目开发难度和开发人员能力考虑不足，假如因项目出现重大技术难题而引起项目延期，同时又没有做相应的应急处理，势必影响项目进度顺利实现。

此外，没有详细的开发计划和开发目标，开发计划简单不合理。比如：项目目标不清晰，项目组织结构和职责不明确，项目成员缺少沟通，不同功能模块出现问题时相互推诿；每个开发阶段任务完成情况不能量化；开发计划没有按照里程碑计划进行检查，进度出现延误没有相应处罚措施和应急措施，导致项目进度管理无法正常进行。

（二）项目成员专业能力和稳定性

项目成员专业能力和稳定性是项目进度计划顺利实施的主要因素。在项目过程中，项目成员专业能力与项目要求不匹配，项目成员离开或者新加入都会对项目的进度造成不良的影响。

项目成员专业能力偏低，不能对自己的工作难度和周期有一个明确的认识，编写的软件代码质量较差，可靠性不高，重复工作比较严重，就会延长研发时间，脱离原计划制订的目标，导致实际项目进度与原计划规定的进度时间点相差越来越远。

项目成员稳定性包括人员离职或者参与其他项目和增加新人。原项目成员离开项目，项目分配的工作需要由新成员或其他项目成员来接手，接手人员需要对项目的整体和进度进行了解，消化吸收原项目成员已经完成的工作成果，同时占用一定时间与原项目成员交流与沟通，并且每个人的理解能力和专业技术能力不同，在一定的时间内无法马上投入工作，也会影响他们完成相同工作需要的时间，进而影响进度。

（三）项目需求设计变更

项目需求设计变更对于软件项目进度会造成极其严重的影响。由于项目负责人对项目目标理解不清晰，没有充分理解用户需求；或者为了中标需要，对项目技术难度考虑不深；或者用户对需求定义的不认可，感觉不够全面，提出修改意见，重新规划，造成需求范围变更。

项目负责人对于项目需求把控不严，不充分考虑用户增加变更的功能对整个系统框架内容的影响，缺乏与客户的沟通，忽略团队协作和团队成员之间的沟通，轻易修改需求，严重需求变更可能会导致整个系统架构的推倒重来，一般需求变更多了也会影响整个项目进度，造成项目延迟交付。

（四）进度落后时的处理措施

在实际的软件项目开发中，还有许多因素会影响和制约项目进度，没有人能将所有可能发生的事情都考虑周全，所以在条件允许范围内应尽可能对项目开发过程按最坏情况多做预案，做到未雨绸缪，达到项目进度管理的预期效果。

项目管理人员在发现项目出现进度延迟后，需要及时与项目负责人进行沟通，查找问题根源并进行补救控制。同时，一定时间内了解项目组成员工作完成情况以及需要解决的问题，根据需要分解进度目标，做到日事日毕，严格按照项目进度计划时间点实施，尽量减少进度延迟偏差出现的次数。按阶段总结项目情况，评估本阶段项目实现状况是否与计划要求一致，协调处理遇到的问题，对项目进度进行检查和跟踪分析，随着项目开发的不断深入，找到提高工作效率、加快项目进度的方法。

三、案例："智慧人社"管理信息系统项目的实现

（一）项目整体进度计划的制订

项目启动初期，项目组成员使用里程碑计划法，对整个项目的里程碑进行标记，按软件项目开发的生命周期将项目整体划分为几个阶段：需求分析阶段、系统开发阶段、系统测试阶段及系统试运行阶段等。

（二）项目开发阶段进度计划的制订

在项目的每个阶段中，其实都贯穿着许多阶段性进度计划，"智慧人社"管理信息系统项目的每个阶段计划也是通过使用进度管理方法来制订的。同时，在开发阶段中，项目组将每个功能模块的开发任务进行了更详细的分解，具体到每个子功能，规定了功能实现责任人，并标注了计划用时。项目管理人员可以直观地了解到每个子功能的计划用时，在实施阶段用于与实际使用时间进行对比考核，就很容易得出进度是否延迟或提

前的结论。

（三）“智慧人社”管理信息系统项目进度计划的控制

项目进度控制的流程就是定期或不定期接收项目完成状况的数据，把现实进展状况数据与计划数据做比对，当实际进度与计划不一致时，就会产生偏差，如影响项目达成就需要采取相应的措施，对原计划进行调整来确保项目顺利按时完成。这是一个不断进行的循环的动态控制过程。

在“智慧人社”管理信息系统项目开始后，在整体计划中会设置一系列的报告期和报告点，用以收集实际进度数据。分别是项目周会、项目月度会议、阶段完成会议。

本节通过对具体软件开发项目过程中的进度管理进行研究与实践，综合运用科学的项目管理及“智慧人社”管理信息系统的软件思想和方法提出了有效的进度管理方法，不仅可以保证项目的质量，还能在约定期限内完成并交付成果，为今后其他软件开发公司开发类似项目提供参考，从而帮助提高软件项目开发和进度控制的综合管理能力。

第三节　软件开发项目的成本控制

本节将先对软件开发成本控制影响因素进行分析，并梳理现代软件开发成本管理现状，以此为前提提出适宜有效的项目成本控制对策。

21 世纪是一个全新的信息时代，而软件在信息技术发展中具有核心作用，为推动软件事业前行，实施强有力的软件开发项目成本控制管理是其关键环节，因为成本控制是否合理、到位直接关系着项目开发的顺利程度，甚至关乎项目是否成功。软件开发和传统项目的实施有一定区别，其特殊性表现为：一方面，软件产品生产、研制密不可分，若研制完成，产品基本也就完成了生产，可以说软件开发过程实则是一个设计过程，物资资源需求少，人力资源需求大，而且所得产品主要为技术文档、程序代码，基本不存在物资成果；另一方面，软件开发属知识产品，难以评估其进度和质量。因此，基于软件开发项目的典型特殊性，其成本控制也有一定难度，风险控制复杂。下面就将对软件开发项目成本控制管理问题展开探讨。

一、软件开发项目成本组成及其控制影响因素分析

（一）软件开发成本部分构成

首先，软件开发成本主要构成为人力资源，内容包括人员成本开销，一般有红利、薪酬、加班费等；其次是资产类成本，即“资产购置成本”，主要指设计生产过程中所产生的硬性资产费用，包括计算机硬软件装备、网络设施、外部电力电信设备等；再次是项目管理费用，这是保证项目顺利开发、如期完成的基本条件之一，比如建立一个良好的外部维护环境，比如房屋、办公室基本供应、设备支持服务等；最后为软件开发特殊支出费用内容，简单来说就是始端、终端产生的成本，包括前期培训费、早期有形无形准备成本支出等。

（二）影响软件项目成本控制管理的主要因素

1.软件开发质量对项目成本的影响

一般来说，软件开发质量对成本构成直接影响。项目质量成本分为质量故障维护成本和质量保证措施成本两个范畴，先排除质量故障维护成本，从开发到成功保证软件产品拥有较好的功能性是有固有的成本体系的，因此总的来说要想提升软件产品质量，就应投入更多成本，两者间存在一定矛盾关系。若项目质量差，可以追溯到开发早期故障排除成本投入太低的缘故，因此前期应投入所必需的维护成本，后期维护成本就会降低，也有利于得到质量更优的软件产品。

2.软件开发项目工期对成本的影响

项目开始后工期的长短也和成本紧密相连，其主要表现为以下几个方面：首先，项目管理部门为保障在工期内完成产品的生产，若后期需跟进工期或缩短工期，就会投入更多更好的无形技术，增加强有力人力资源，此外还包括一部分硬性有形成本；其次，若发生工期延误现象，因为自身因素造成对方损失，按合同索赔无疑会增加项目成本。

3.人力资源对软件开发成本控制的影响

在软件开发这一无形项目实施中，人力资源是重要影响因素，也是最主要影响因素，

开发时若投入较多高素质、高专业技能人员，无疑会增加项目成本支出，而纵向、平行对比，优质人员投入会大大提升软件开发效率，从而缩短后期工期；反之，投入较多普通资质工作人员，不会明显提升工作效率，甚至会延长工期，这在无形中增加了人力成本，因此高素质人员投入总体来说能降低软件开发成本。

4.市场价格对成本的影响

随着时代的发展，软件产品会跟随市场变化而发生价格上的变动，收益也会变动，而在开发过程中所需人力资源成本、相关硬件设备成本等也都会有价格上的波动，直接影响整个项目开发的总成本支出额度。

二、当下软件开发项目成本控制存在的普遍问题

（一）软件开发项目成本管理问题

软件开发项目成本管理工作复杂，涉及人员较多，目前部分企业在项目开发前仍不能很好地在成本管理中理顺权、责、利三者之间的关系，单纯笼统地将管理责任归结在财务主管上，成本管理体系不完善，直接造成软件开发项目成本控制难以得到合理、到位的管理。

（二）项目开发人员普遍经济意识不强

软件项目开发人员绝大多数为专业技术人员，他们缺乏经济观念，项目成本控制意识比较淡薄，比如，项目核算部没另分人手整理的小企业，项目负责人一般更注重倾向于技术的管理，狠抓技术效率或将项目核算完全归结于财务部门执行。

（三）质量成本控制问题

所谓质量成本是指为保证软件开发质量、提高效率而产生的一切必要费用，同时还包括质量未达标所造成的经济损失。当前部分企业受经济利益影响，长期以来仍未正确认知成本、质量两者之间的关系，它们辩证统一，或一些负责人懂得这一关系，但在实际操作中却往往将成本、质量对立，片面追求眼前利益，忽视了质量问题，质量下降或不达标所造成的额外经济损失则是不可估量的，既影响企业信誉，对企业长期发展也十

分不利。

（四）工期成本问题

软件开发如期交付是项目管理的重要目标，而项目人员是否能按合同如期完成任务，是导致项目成本变化的关键影响因素。目前项目合同上虽有明确工期，但管理上很少将其和成本控制关系进行密切分析。不重视工期成本问题就是成本控制盲区，部分企业为尽快完工，可能存在盲目赶工的现象，最终软件产品质量也不得而知。

（五）风险成本控制问题

所谓风险成本指的是一些未知因素引发的，发生这种问题的关键在于项目管理很少考虑风险因素，未及时发现潜在风险，一旦发生状况难以规避，这将给项目成本带来极大冲击。

三、软件开发项目成本控制对策

（一）建立软件开发成本控制管理机制

为合理控制软件开发成本，首先应明确管理人员权责问题，包括成本计划编制责任人的确立、成本考核具体指标的设立等，每个部门及参与开发人员都应明确界定权责，关键人员赋予成本监督管理权利；建立健全对所有工作人员执行的奖惩制度，提升开发人员经济意识，人人参与成本控制，严格按工期跟进工作进度，保证开发产品质量，严管盲目赶工、怠慢工作延误工期等恶劣现象，实际工作过程中落实责任担当，使成本控制管理工作真正落到实处，发挥出重要意义。

（二）对项目开发过程加强管控

项目开发过程初期首先应明确企业经营方向，做好成本控制关键性决策，而决策下达前必须对市场需求进行调研、分析、整理并确立软件开发所必须的需求，初步确立成本，包括必要硬件设备、网络、人力资源、初拟工期（需结合市场分析并分析风险，注意规避风险）等；加强软件开发过程中的成本控制，必须将其纳入项目成本管理任务中；一些软件开发需求较大，过程中还应及时收集客户因市场需求而发生的产品要求上的改变，变更需求，科学掌控成本，避免盲目工作，有效规避风险，促进成本管理。

（三）强化成本要素管理和成本动态管理

软件开发项目成本控制要素有人力资源、有形设备、管理环境等，基于其影响要素应实施对应有效成本控制措施，软件开发是一个长期过程，开发时应注重动态成本控制，提升工作效率，保证软件开发产品质量，避免因工期延误、产品不达标等现象而造成的经济损失。

软件开发与传统实体项目开发相比具有极强的特殊性，因此在成本控制上也不能单纯沿用实体项目的成本计算形式，为良好控制成本首先应分析软件开发成本影响因素，包括人力资源、工期等，并对软件开发成本管理现状展开分析，基于此提出针对性改善对策，目的在于控制成本，保证企业合理盈利，避免不必要的经济损失。

第四节　建筑节能评估系统软件开发

本节重点论述了建筑节能评估分析的现状，对建筑能耗与节能标准中出现的问题进行了简要的阐述，并对建筑节能评估系统软件的模型进行了有效的构建，以及通过计算机程序实现了建筑节能评估软件的功能。

我国已经具备了建筑节能设计规范与标准，但是缺乏建筑节能评估工具与方法，这些标准与规范在执行的力度与范围上存在很大的差异。建筑节能评估系统软件为建筑在设计、检测、管理以及监理方面提供了重要的辅助作用，能够有效地评估出建筑是否达到了节能的标准，从而使建筑节能工作实现规范化的管理。

一、建筑节能评估分析的现状

（一）建筑能耗分析

建筑能耗受室内空气品质、采暖空调设施、建筑热工性能、当地气候环境、建筑使用管理以及建筑热环境标准等方面的影响。对此，分析主要包括空气与水分配系统的模拟分析、建筑物能耗实地测量、建筑物地理位置与气象数据分析、动态过程符合计算方法的研究、计算方法的矫正以及对分析空调系统周期成本经济秩序的研究等。

（二）建筑节能标准中存在的不足

制定建筑节能标准，对我国建筑节能工作的开展起到很大的促进作用，但是其本身仍然存在很大的不足，在执行的力度与范围存在极大的差别。

1.节能标准的制定与设计不够统一

标准制定过程规范了设计过程，而设计过程再现了标准的制定过程。二者采用的工具与方法是一致的。但是，在现阶段，标准的设计与制定过程相互独立，设计过程只是对标准中提出的指标进行简单的执行，而且运用的工具方法也不一致，不再是标准制定过程的再现与应用。

2.节能指标的可操作性不高

我国现阶段的建筑节能设计标准只是提供了以建筑耗冷量、耗热量为主的综合指标以及围护结构热工性能为主的辅助指标，这些指标在实际应用的过程中较为抽象。进行设计与评价时缺乏对建筑耗能分析的工具，不能确定建筑物高冷量与耗热量，仅仅是围护结构热工性能的参数较为直观，但是这些参数不能用来判断建筑是否达到了节能的标准。

3.无法实现标准的灵活性

我国现阶段的节能标准通常允许具备一定的灵活性，设计人员在设计的过程中可以不按某些规定来进行，当某些地方难以达到标准要求时，必须在其他方面进行补偿，而且必须根据节能指标重新计算，不能使建筑的总耗能大于设计标准中耗能量。由于计算过程太过复杂，计算方法太过专业，在设计过程中难以确定节能的经济效益，难以实现标准的灵活性。

（三）建筑节能评估系统分析软件

我国现阶段的节能评估系统分析软件的开发较为落后，虽然对暖通空调 CAD 系统做出了大量的研究，但是对于分析评估系统却只进行了简单比较，没有综合分析建筑能耗，与我国建筑节能工作实施的深度与范围难以适应。国外对这方面的研究较为成熟，有专业的分析建筑能耗的软件，能够分析建筑设计的全过程，对建筑节能工作的实施具有非常大的促进作用，对节能建筑的监督、设计与管理提供了有力的理论依据，对于我国建筑节能相关软件的开发具有很大的参考价值。

二、建筑节能评估系统软件的模型

（一）建筑节能评估系统软件功能

①对新建或者改建的建筑设计方案进行节能评估，对于不能达到节能标准的建筑应当提出有效的改进措施；

②结合建筑的设计需求，使其设计标准符合节能的要求，并且标注出需要修改的地方，使设计工作者能够更好地进行设计；

③满足动态设计与分析。运用此软件进行设计的过程中，能够评估设计过程，得出有效的节能效果，使工作人员得到有用的参考，使建筑设计能够满足节能的标准。

④对于缺乏标准制定的区域，此软件能够制定标准，分析建筑的能耗，并且结合节能的要求来确定该区域建筑节能指标，使建筑设计、节能评价以及制定标准相统一。

（二）软件内核

1.输入输出

输入界面是软件的基础所在，其性能决定了软件是否能够得到大力的普及与认同。

2.工程数据库

根据数据交换的特征，工程数据库主要包括动态与静态两种数据库。动态数据库是在评估与设计中动态形成的，能够有效连接软件的各个模块；而静态数据库包括设计标准、规范、围护结构结果热物性参数库、工程设计档案库、气象资料库、知识库、空调设计库与常规设计知识库等。

3.建筑能耗分析

建筑能耗分析要与其他功能相连接。

4.智能分析

人工智能分析主要包括神经网络与专家系统两个方面，能够解决建筑节能标准中存在的不足。其可以使设计更加动态化，对设计参数做出正确的判断，使节能评估更加综合全面。

5.节能设计

节能设计不但要达到建筑的节能标准，还应当具备建筑的各项功能，对每一个环节都应当进行有效的节能分析，从而使用户选出最恰当的节能方式。

6.节能评估

根据节能设计标准的要求，能够自动提供一个标准节能设计，其与原来的设计方案具有相同功能，并且建筑环境与面积、用户种类、设计计划以及气候资料都相同。结合有效的计算方法，对原有设计与标准节能设计的能耗分析，如果原有设计的能耗低于或等于标准节能设计，那么原有设计就属于节能设计方案。如果原有设计高于标准节能设计，则应当找出具体方面，并且给出相应的改进策略。

7.主控模块

通过主控模块能够对节能系统进行调控，能够更加方便地使用其他模块，从而提高节能设计与评估的工作效率。

三、建筑节能评估软件的实现

（一）基本思想

智能化与集成化能够帮助技能评估系统软件解决标准中存在的不足，使其基本功能得到有效的实现。在开发软件的过程中应当时刻注重这两点内容。

1.智能化

目前人工智能技术取得了飞速的发展，这种技术在建筑节能评估方面的应用也越来越广泛。人工智能具体应用方式主要包括以下两种：其一是以连接为根本的神经网络；

其二是以符号为根本的专家系统。前者具有非常强大的学习能力，而后者则具备人脑的思维能力。人工智能在此软件中建立的专家系统包括设计经验、思维活动等知识体系，并且与能够进行知识自学的神经网络相结合，这样就能够使建筑节能评估系统软件真正实现智能化。

2.集成化

将以往功能分散的软件结合在一起，并且运用通用的数据转换工具与结构，使这些能够信息互通，有效避免了人工进行数据的转换，这样才能有效地利用各项资源，使分析设计的任务得以完善。此软件主要以 Visual C++6.0 为主要工具，将 CLIPS、DSeT、Microsoft Acecss、MATLAB 集合在一起。

（二）建筑功能实现

①运用 Visual C++6.0 能够实现软件的主控功能，并且拥有在线帮助的服务功能。

②结合开放数据库的连接（ODBC），达成 Access 数据库与程序的动态连接。

③运用动态连接方式（DLL）达成 CLIPS 与 Visual C++6.0 的结合，建立有效的专家系统。

④通过 Access 数据库达成能耗分析与主控界面的连接。

⑤通过引擎驱动达成 MATLAB 和主控界面的连接。

建筑节能标准在现阶段中存在的不足制约了建筑节能工作的普及，本节通过人工智能与集成技术来解决这些问题，结合研究结果可以看出这方面的探索具有非常重大的意义。文中所讲述的建筑节能评估系统软件，会成为建筑在设计、检测以及管理过程中的一个十分重要的工具，能够使建筑节能工作实现标准化。在未来的探索过程中应当付出更大的努力，这样才能够使文中所提出的目标得到更好的完善与进步。

第五节 基于代码云的软件开发研究与实践

需求环境的不断发展，导致软件研发中代码重用、开发效率等问题越来越凸显。本节首先深入研究基于云计算的软件开发新理念，然后结合 AOP（Aspect Oriented Programming，面向切面编程）和 B/S（浏览器/服务器）架构技术，提出一种新的软件开发方法，即基于代码云的软件开发方法，描述了基于代码云的软件开发过程，并以某同城配送电商平台的开发为例进行了实证。实践表明，采用此方法能极大地提高软件重用与代码可定制性，符合高内聚低耦合的软件开发要求。

当前软件开发技术已经难以满足“互联网+”理念软件开发的需求，表现在软件重用率，软件部署、可维护性和扩展性等方面。云计算的出现给这一些问题的解决带来了机遇。目前市场成功产品也很多，如谷歌的 GAE、IBM 的蓝云等。

云代码是指存储在云端服务器上种类繁多的开源代码库，涵盖小到单一代码片段，大到大型软件框架的代码。开发人员将这些云代码复用或稍作修改后即可来实现软件功能，进而提高软件开发效率。

一、代码云技术和面向切面编程

（一）代码云技术简述

基于云存储的代码云技术是通过将云计算、云存储、AOS（面向切面编程）和 B/S（浏览器/服务器）架构技术结合在一起形成的。它的服务驱动方式为云计算，编程方式主要是 AOP，结构模式为三层 B/S 架构，通过提供云代码定制服务 API，软件开发人员和软件开发项目组可以在线获取与定制云端代码，方便敏捷开发、项目组内协同、异地开发等，通过在线开发，积累云实现知识。AOP 的解耦性可保证系统中各个功能模块间的相互独立性，B/S 架构技术的“瘦客户端”模式促使三层分离，但同时又间接联系，从体系架构结构方面有利于软件项目的开发、部署与维护。

代码云编程模型起源于面向切面编程，主要作用是分离横切关注点并以松散耦合的形式实现代码模块化，使系统各业务模块和逻辑模块能调用公共服务功能。从没有逻辑关联的各核心业务中切割出横切关注点，组成通用服务模块，实现代码重用。一旦通用模块变动，系统开发人员只需要编辑修改调整此通用模块，所有关联到此通用模块的核心业务与逻辑模块即可同步更新。具体的编码实现可以分为关注点分离、实现和组合过程，其中分离过程主要依据横向切割技术，从原始需求中分离并提取出横切关注点与核心关注点；实现过程是对已分离出的核心关注点和横切关注点进行封装。组合过程的主要功能是将连接切面与业务模块或目标对象，以实现一套功能健全的软件系统。

（二）面向切面编程

面向切面编程（AOP）是20世纪90年代由施乐公司发明的编程范式，可被用于将横切关注点从软件系统分离出来。AOP的引入弥补了面向对象编程（OOP）的诸多不足，如日志功能中就需要大量的横向关系。AOP技术解决了将应用程序中的横切关注点问题，把核心关注点与横切关注点真正分离。

二、基于代码云的软件开发过程

基于代码云的软件开发过程包括了可行性研究、需求分析、设计、代码开发请求、代码获取、程序安装以及编程整合、测试维护八个阶段，其中可行性研究、需求分析、设计阶段是和传统意义上的软件开发过程相同的，但把编码、测试、维护阶段变更为代码开发请求、云代码获取、云代码程序安装和编程整合等阶段。

（一）可行性研究阶段

可行性研究是指在经过调查取证后，针对项目的开发可行进行分析，主要分为技术可行性、经济可行性和社会可行性等多个方面，并形成详细的可行性分析报告。

（二）需求分析阶段

软件开发人员在可行性分析的基础上，准确理解客户需求，并和客户反复沟通，把客户需求转换为可描述的开发需求。需求分析主要分为功能需求、性能需求和数据需求，对于软件开发来说，需求分析阶段是最重要的环节之一，关系到系统流程的走向和数据字典的描述，需要将项目内部的数据传递关系通过流程图和数据字典描述，需要准确描述软件对相应速度、安全性、可扩展性等方面进行分析，需要准确描述所开发软件的数据安全性、数据一致性与完整性、数据的准确性与实时性等。

（三）设计阶段

设计阶段分为逻辑设计、功能设计和结构设计三个主要的部分。逻辑设计主要是设计所开发软件的开发用例，功能设计主要是指对每个用例的功能以及功能之间的关系进行设计，结构设计主要是指程序编码和程序逻辑的框架的设计，主要包括显示层、程序逻辑处理层、分布式节点处理层和分布式数据库存储层等环节的设计。

（四）代码开发请求阶段

根据前述可行性分析、需求分析和设计，软件开发人员在线注册成功后，申请云代码服务，提出相应需规范性要求，云代码定制模块接受相应的需求后进行资源检索，然后解析请求信息，得到并解析请求的来源，最终获得满足要求的目标代码库的网络地址，建立申请与来源的信息通道。

（五）代码获取阶段

获取满足要求的云代码的网络地址后，服务器建立两者的联络，软件开发人员可以从云服务器上获取并自行下载所需的目标代码库。

（六）程序安装阶段

软件开发人员根据所开发软件的逻辑结构，安装已经下载到客户端的目标代码库，形成软件的基础框架或一个个的单独模块、公共功能模块和一批定制组件或代码块。此阶段，程序开发人员需注意代码块之间有无重复、接口冲突等。

（七）代码整合与编程阶段

经过前述 6 个阶段，软件初步架构、接口程序等已经基本到位，程序开发人员通过代码云方式进行程序编写，主要是整合与修改代码。

（八）测试维护阶段

测试阶段主要是对软件的逻辑结构、功能模块、模块间的耦合等情形进行测试，也可以定制测试云模块。

三、基于代码云的软件开发应用

为进一步介绍基于代码云的软件开发方法，下面某同城配送电商平台作为实例进行说明。

（一）开发环境

本节所述基于代码云开发的某同城配送电商平台的开发环境包括硬件、软件两个方面。

1.硬件环境

主要是两台普通 PC，处理器 i5-7400，内存 8GB，硬盘容量 1TB，要求在无线局域网状态，外网状态通畅。一台用于开发，另一台用于测试软件。

2.软件环境

操作系统：Linux 和 Windows10。

Web 服务器：Apache 或者 IIS。

开发语言：PHP

开发工具：Composer

数据库：MySQL

（二）应用实例

同城配送业务主要是鲜花、快餐、外卖等服务，该平台用于构建以公司内部服务为核心，以同城配送为主要业务的电子商务网络平台，要求技术先进、使用方便、系统安全，实现同城配送管理的电商化，食品、鲜花等服务资源的一体化，实现会员、服务来源与配送信息、车辆和配送员等数据的高度集成，该平台全部基于代码云的软件方法设计并开发。

1.系统总体结构

采用四层架构，可以充分发挥云计算的特性，提高资源与数据的公用共享，可以更便捷地部署与维护，实现“瘦客户端架构”，用户可以通过 Web 浏览器实现对系统的访问。

2.云代码定制模块

在设计系统时，紧密结合同城配送平台自身业务需要，利用定制云代码服务功能，达到设计并实现云代码定制模块的目的。系统配置文件包括程序设计员设置的云代码服务的申请与配置信息。云代码定制主要目的是解析系统配置文件，从目标云代码网络位置将目标云代码下载到本地。然后自动安装程序，将目标代码包安装部署到主程序内。

云代码定制可以实现配送平台主要功能模块的编码，从云代码库可以很快找到实现用户管理、权限管理、通用查询等功能代码。但云代码定制也存在一定问题，对公共模块处理功能强，但对核心代码模块支持少，且程序员还必须在一定程度上进行修改，比如数据库结构、权限控制、核心业务功能、特色业务功能等还需要程序员根据需要自行编写。

3.主要功能模块

根据同城配送业务的需求分析，配送平台主要的功能模块有权限控制、用户管理（含管理员、企业管理人员、配送客户、资源提供商、同行等）、业务管理（订单管理、鲜花配送、食物配送、同城传递）、资源调配（配送资源调配、配送员调配）、财务管理（财务统计、财务报表等）、日志管理（系统日志、访问日志、安全日志等）和安全管理（数据库安全、web 服务器安全、云代码安全等），在这些模块中，登录认证、权限控制、用户管理、日志管理和安全管理等都可以直接从云代码定制获得，而资源调配、业务管理等需要程序员根据需求自行编制。

4.平台数据库实现

考虑到跨平台性、稳定性和开源性，本案例采用 MySQL 作为数据库开发工具，针对平台业务实现，tcps 数据库共分为 54 个表，其中主要有用户权限表 users、基础字典表 zidian、客户表 Client、地区表 unoin、订单表 order 等。

5.可以借助云代码实现的模块

（1）云代码管理模块

云代码管理模块基于代码云技术设计，目的是提高平台代码的可重用率，降低各功能模块之间的耦合度，便于解耦各模块。

（2）权限管理模块

权限管理模块基于 RBAC 模型设计，使用代码云方式，通过权限与角色关联，角色与用户关联两个步骤，使用户与权限分配在逻辑上实现分离。平台首先设置了字典表，对各角色之间的关联做出解释，将权限管理模块嵌套到平台中。权限管理主要代码如下：

```
public function StrQuery（$sql，$type=1）
{
$data=new MySQLi（$ths->host，$ths->uid，$ths->password，$ths->dbname）;
$r=$data->query（$sql）;
if（$type==1）
{
$attr=$r->fetch_all（）;
………
foreach（$attr as$v）
{$str.=implode（"^"，$v）."|"；}
return substr（$str，0，strlen（$str）-1）；}
else{return $r；}
}
```

（3）用户管理模块

基于 MySQL 数据库，平台用户管理分为管理员、企业管理人员、配送客户、资源提供商、同行等，实现用户登录、注册、权限管理等。

（4）数据库操作模块

该模块主要依靠后台页面登录进去后，根据其不同权限和系统 cookies 等数据对象，实现后台数据库的增、删、改、查操作。

数据库连接的主要代码如下：

```
session_start（）;
$username=$_POST["username"];
```

```
$password=$_POST["password"];
………
$result=mysql_query（$sql，$connec）;
if（$row=mysql_fetch_array（$result））
{
session_register（"admin"）;
$admin=$username;
………}
else
{
……'）; }
```

（5）通用查询模块

可根据用户要求，选取查询字段或字段组合，自动生成 SQL 语句后，返回查询结果。

（6）通用统计模块

通用统计模块主要是验证用户登录后根据实际情况按照不同权限使用时可进行通用统计。提供固定统计字段统计模板和自定义统计模板供用户选择。

（7）日志功能模块

主要是为系统日志、访问日志、安全日志，目的一是排错，二是优化性能，三是提高安全性。日志功能模块主要代码如下：

```
$ss_log_filename=/tmp/ss-log;
$ss_log_lvls=array（
）;
function ss_log_set_lvl（$lvl=ERROR）
{
………}
function ss_log（$lvl，$message）
{
global$ss_log_lvl，$ss-log-filename;
if（$ss_log_lvls[$ss_log_lvl]<$ss_log_lvls[$lvl]）
```

```
{
………
}
$fd=fopen（$ss_log_filename，"a+"）;
fputs（$fd，$lvl.-[.ss_times*****p_pretty（）.]-.$message."n"）;
fclose（$fd）;
………}
function ss_log_reset（）
{global$ss_log_filename；@unlink（$ss_log_filename）;
}
```

（8）其他功能模块

主要是附件上传模块及服务器管理、数据库安全模块等。

以上模块都可通过代码云技术实现，既提高开发效率，又方便业务模块调用，实现解耦。

6.自行开发模块分析

（1）业务管理模块

包括订单管理、鲜花配送、食物配送、同城传递等。业务管理模块核心代码如下：

```
$name=$PHP_AUTH_USER;
$pass=$PHP_AUTH_PW;
require（"connect.inc"）;
………
if（mysql_num_rows（$result）==0）
Header（"HTTP/1.0 401 Unauthorized"）;
require（'error.inc'）;
```

（2）资源调配模块

包括配送资源调配、配送员调配等。主要代码如下：

```
$cachefile='op/www.hzhuti.com/'.$name.'.php';
$cachetext="<?phprn".'$'.$var.'='.arrayeval（$values）."rn?>";
if（!swritefile（$cachefile，$cachetext））
{
```

```
exit（"File：$cachefile write error."）;
}
```

（三）基于代码云的软件开发的特点

基于代码云的软件开发主要具有如下特点：

1.代码重用性好

程序员可以利用代码云技术简单地获取所需源代码和定制代码库，从而利用现成的云端代码来完成特定功能，代码重用性好。

2.耦合性好

基于代码云开发程序能实现项目中公共模块分离，业务模块能够解耦性地调用公共模块。

3.可维护性强

功能模块基于云代码服务，软件维护成本小，云代码库本身都是已经调试好的，前端与后端分离，应用面向切面编程思想可以确保可维护性强。

4.生产效率高

云代码服务化使得无效编码减少；缩短了软件开发周期，从而确保了较高的软件生产效率。

本节在分析当前云程序开发背景及传统软件开发问题的基础上，提出了代码云技术，着重介绍了基于代码云的软件开发过程，并以某同城配送平台作为项目实践，完成了项目的设计与实现，得到了预期研究成果。实践表明，基于云代码技术开发程序，可以有效提高工作和部署效率、提高代码可定制性和复用率，实现高内聚低耦合，在软件开发领域具有很强的实践意义。

第六节　软件开发架构的松耦合

“开发架构”这个称谓对于大部分开发人员来说，可能使用“开发视图”更容易理解。应用架构包含了架构视图的绝大部分，除了进程、部署等视图等。无论称谓是什么，这里专指应用系统在开发环境中的静态组织结构，也是项目开发人员具体的工作环境。因此，这部分的松耦合与项目开发人员密切相关。

实际上，在开发阶段，绝大多数人接触到的松耦合基本属于这一类。无论是代码设计相关的书籍，还是实际工作经验，又或是来自一些支持 AOP 的第三方框架的约束，这些都会促使人们按照一种良好的松耦合的方法来编写代码。如面向接口、继承、多态以及各种相关的设计模式等。本节主要探讨如何处理模块之间松耦合的问题。

一、API 依赖的松耦合

目前，绝大多数应用都是分层的，如常见的 Web 应用分为展现层、服务层、持久层，这样就会存在层与层之间依赖的问题。如 Spring 等框架，通过依赖注入，使得层与层之间的依赖实现了松耦合。层与层之间的依赖注入，可以有两种形式。

面向接口编程，就是抽象出接口，然后在实现的时候通过实现接口的方式来实现代码的松耦合。上层模块根据配置在容器中查找接口的实现，下层模块需要实现接口并注册到容器中。这种方式，接口成了层与层之间的耦合点，接口的变化会同时影响上下层。

面向代理，是层与层之间不再有接口上的耦合。上层根据需要，定义一个接口代理，这个代理会自动查找下层模块的实现。下层模块不必实现相关接口，只需要在容器中注册即可。这种方式的好处是不存在接口变化的影响（尤其对于 Java 这种编译型语言）。但是，它会产生更细粒度的依赖，如方法，因为至少需要在上层的代理中指定下层的组件名、方法、参数等信息。

即便位于同一层中的各个模块（如服务层），也存在相互依赖的问题，如订单服务需要访问客户服务获取客户资料。这种情况的解决方式应该与层与层之间的依赖类似。同一层各个模块之间的依赖（尤其是服务层）相对比较复杂的地方是对于传输对象的处理。如订单服务需要调用客户服务获取客户资料，积分服务也需要调用客户服务获取客户资料。那么对于客户服务返回的客户资料传输对象，会形成一种模块间的耦合关系。总体来讲，可以有 3 种。

①将每个模块发布服务的传输对象单独打包，依赖该服务的模块只需要依赖该传输对象的发布包即可。

②将项目中所有模块的传输对象合并打包，各模块都依赖这个传输对象包。这是第一种方案的“懒惰”版，毕竟如果模块数量非常大时，管理工作量会比较大。当然，这种方式的缺陷也很明显，是与模块化方向背离的。

③每个模块使用自己的传输对象。这种方式只适用于那种弱依赖的远程调用（像本地调用、Spring Http Invoker 这种强依赖调用是不可行的）。也就是说，当模块调用外部服务时，按照自己使用的数据，定义传输对象。这种方式是耦合性最小的方式（部分讲解微服务的书也提到了这种处理方式），因为不需要关注服务发布方的全部数据，而是按需获取。当然，这是一种很理想的服务调用方式，但是现实却是很多数据在多个模块之间是重复的。对于上面的例子，也许无论订单还是积分，都需要获取客户的名称、地址、联系方式等信息。结果就是，在这些模块的传输对象中，都需要重复包含这些信息。

二、模块的松耦合

如一个工作场景中，实际上无论是 B/S 还是 C/S 结构的系统，无论最终将应用系统部署到服务器还是将服务器作为一个组件嵌入应用中，从本质上来说，它还是遵从了 Servlet 规范（当然，此处指绝大多数，而不是所有）。虽然 Servlet 规范提供了多种模块化机制，但是它的入口却只有一个，即 web.xml 描述文件。如将 web.xml 中的配置，以注解或者 webfragment.xml 的形式分解到各模块中，也是实现松耦合的关键。可以将上面的场景作为模块松耦合目标的一部分。而且这个层面的松耦合更有助于将系统向更细粒度的部署架构方向演进。可以说，这种方式已经距离微服务架构仅一步之遥，而且由清晰的模块化架构到微服务，这种循序渐进的架构重构更易成功实现微服务化治理。不仅如此，这种架构极易回退，如果认为微服务并不适合，至少有两种方案可以实现模块独立运行。

Servlet 规范支持应用配置的模块化和可插拔，主要分为 3 种方式：①注解；②SCI；③webfragment.xml。这 3 种方式都可以用于实现模块之间配置的松耦合，尽管它们的实现方式有所区别。对于注解的方式，需要在每个模块中定义自己的 Servlet、Filter 并添加相应的注解，用于分发处理当前模块的请求，以代替原有 web.xml 中的配置。理想情况下，web.xml 中不保存任何配置（由于应用服务器都会提供默认的 web.xml，因此项目中甚至可以不需要该文件）。这样，每个模块都变为一个可部署的 Web 应用（暂时不考虑静态文件，接下来会单独讨论）。模块与模块之间，除了必要的 API 层面的依赖，不会存在任何配置依赖。

实际情况可能要稍微复杂一些。如设置请求/响应编码、安全认证，这些通用 Filter 更希望统一配置，而不是每个模块都要配置一次。此时，可以单独保留一个通用的“门户”模块，用于保存系统的这些基础配置。这个“门户”模块与其他模块并没有任何依赖关系，只是提供了请求映射层面的基础功能，因此它是可以轻易替换的。如果使用的是一个来自第三方框架的 Servlet 实现，此时使用注解并不是一个好的选择（除非愿意实现它的一个子类或者装饰类，以便添加注解）。此时，可以使用@Web Listener 注解，以编码的方式添加 Servlet，或者采用 SCI。SCI（Servlet Container Initializer）基于 SPI 机制，以编码的方式添加 Servlet、Filter。与注解相比，它扩展性更好。这两种方式都能在脱离 XML 的情况下，实现 Web 应用配置的模块化。

对于开发架构的松耦合，主要体现在如何解决 API 依赖以及模块产出物（代码、配置、资源文件）的分解上。这种分解便于模块以更轻量级的方式运行，有利于系统整体架构向轻量级架构转型。如果将当前系统重构为微服务架构，不妨先尝试如何做类似拆分，这种拆分一定是由业务进行驱动。系统以松耦合的模块化架构运行无碍后，微服务架构便已是一步之遥。

第七节 基于 SOA 的软件开发的研究与实现

随着软件技术的不断发展和 Web 技术的应用，面向服务的软件系统开发的方法也得到了迅速的发展。本节提出了 SOA（Service-Oriented Architecture，面向服务的架构）框架设计的方案，对基于 SOA 的软件开发的关键性技术、功能实现进行了分析和研究，具有一定的应用价值。

一、面向服务的架构分析和研究

（一）面向服务的架构分析

SOA（面向服务的架构）是一种组件模型，在 SOA 中，面向服务是指体系结构应用程序中的功能，并且各个功能之间的互通是通过定义好的接口来进行连接的，通过中立的方式对接口进行定义，接口与硬件平台和操作系统之间是相互独立的。SOA 对接口进行中立的定义，称为服务间的松耦合，松耦合的系统中体系结构比较灵活，系统中应用程序服务中的内部结构发生变化时候，松耦合系统还是可以独立存在的。松耦合与紧耦合正好相反，紧耦合的系统中接口和系统之间关联比较紧密，如果系统中应用程序发生改动，那么整个系统会发生变化，紧耦合系统比松耦合系统脆弱。在 SOA 系统应用中业务的灵活性需要引进松耦合系统，在应用系统中业务的需求是不断变化的，松耦合系统可以适应不同环境变化的需要。基于 SOA 体系结构软件开发的整体设计是面向服务的，SOA 应用的基础技术是 XML 可扩展标记语言，通过 XML 可扩展标记语言对接口进行描述。基于 SOA 软件开发的安全可靠是最终目的。

（二）面向服务的架构的研究意义

SOA 与传统的体系结构相比，具有松散耦合和共享服务等特点，松散耦合的应用可以帮助服务的提供者和使用者在接口上更好地进行独立的开发，在系统中服务的使用者在对服务接口和数据进行更改的时候，系统中服务的使用者不会受到任何影响。松散耦合可以帮助系统根据高可用性的需要来实现对系统应用程序独立的管理，SOA 中松散耦合为系统提供了重要的独立性。通过基于行业标准的技术就可以实现 SOA，把系统中特定的标准消除，使系统不再受平台技术和行业技术垄断的束缚，对所有服务进行优化。基于面向服务体系机构的应用程序采用共享的基础框架服务，可以进行单点管理。

（三）面向服务的架构相关技术应用

SOA 中服务的使用者通过接口来访问应用服务，服务应用的接口是通过网络来进行调用的，这和 Web 服务的设计理念和应用技术比较类似，所以在 SOA 中可以通过 Web 技术来实现。在 SOA 中没有具体技术，采用的技术集合有 Web 技术和 SOAP 技术等。SOAP 技术是基于可扩展标记语言 XML 的一种通信协议，对 XML 消息在网络中进行传输的格式进行了定义，在 SOA 中请求者和提供者之间通过 SOAP 对通信协议进行定义。SOAP 结构包括 4 个部分：信封功能、编码规则功能、PRC 表示功能和绑定功能。

在 SOAP 结构中 SOAP 信封功能是对整体的表示框架进行了定义，对消息的内容和处理者进行表示；SOAP 编码规则功能是对编序机制进行定义；SOAP PRC 表示功能是对远端过程调用进行定义；SOAP 绑定功能是对完成结点间 SOAP 信封的交换所使用的底层传输协议进行定义。

二、面向服务软件体系结构框架设计及功能实现

（一）面向服务软件体系结构框架设计

SOA 是应用程序体系结构，所有相关的服务都被定义成了独立的服务，通过可调用的定义好的接口对服务进行调用来实现业务的流程。SOA 设计要以结构层次清晰、功能和服务可随意扩展、服务功能复用度高为设计理念，采用分层设计的原则，按照不同应用服务的需要对结构进行逻辑划分。系统在设计的时候采用 Web 服务功能丰富的 J2EE 1.5 作为系统平台，J2EE 对系统服务的应用进行逻辑划分，并且可以加强计算机的计算能力。J2EE 是一种完全分布式计算模式的代表。

在基于 SOA 的软件开发系统的层次结构设计中，表现层的设计目标是对多个客户

端请求进行集中处理，提高请求处理的扩展性，可以在系统中加入新的功能。表现层通过前端控制器来处理所有的请求，通过后端控制器把请求处理的命令或者视图都调用起来。表现层的设计使系统模块化的程度得到了提高，对模块化的组件进行了重用，系统模块的可扩展性也得到了提高。业务层的设计目标是防止业务层与客户端之间发生紧耦合的情况，为业务对象提供远程访问的功能。业务层的设计为远程客户端访问服务提供一个专门的层，降低系统中各个层次之间的耦合，简化应用服务的复杂度。服务层的设计目标是把现有的服务都提供给客户端，并监视客户端对服务的使用情况，根据服务的需求对服务的使用进行限制等。基于 SOA 的软件开发结构体系的设计，首先按照分层思想对系统的体系结构进行逻辑区间的划分，使 SOA 层次结构清晰，功能模块可以根据需要进行扩展。

（二）面向服务软件体系结构功能分析

在基于 SOA 的软件开发系统的层次结构中，客户端层包括应用系统的所有客户端的设备，Web 浏览器和系统扩展连接的 WAP 收集都可以作为客户端。表现层把系统访问的客户端和服务的表现逻辑都进行了封装，表现层功能是对客户端的请求进行统一管理，为客户端提供了单一的登录入口，建立会话管理，把对业务访问的请求响应返回给客户端。业务层为客户端提供各种应用的业务服务，业务数据存放在业务层中，系统相关的业务处理都是在业务层完成的。服务层负责与外部系统进行通信，服务层与资源层之间通过 Web 服务等进行协作，服务层中可以设置 Web 服务代理，负责一个或者多个服务组件之间的交互，通过聚合方式对响应的信息进行管理。资源层在功能设计上主要是存放业务数据和外部数据信息资源。

随着分布式计算方式的研究和应用，在软件的应用集成和软件的重用方面，SOA 得到了具体的应用。通过对基于 SOA 的软件开发的分析和研究，可以让 SOA 在软件的开发应用中发挥巨大的作用，基于 SOA 的软件开发的研究与实现具有一定的研究和应用价值。

第八节 软件开发中的用户体验

信息技术的发展使信息产品广泛应用到社会生产和人们的生活中，并在推动社会生效率和提高人们生活便捷方面发挥出了重要的作用。信息技术是为了推动社会发展以及对社会做出改造过程中的重要工具，因此软件设计工作以及开发工作中，应当将人的需求当作重要的依据，应该要多站在不同用户的角度去考虑，以满足用户需求为第一目标，尽量避免软件在推出之后出现问题。

一、重视用户体验的意义

在软件设计以及开发的实践工作中，软件的设计者以及开发者往往关注软件的功能，而没有强调用户的体验，换言之，软件功能事先并没有引起足够的关注，然而这一因素，在产品的设计与开发中恰恰发挥着决定性的作用。对用户体验的重视不仅有利于提高用户对软件本身的评价，同时也有利于软件设计和开发质量的发展，能够具有更加明确的设计思路，从而确保软件设计与开发工作具有良好的发展方向。

二、软件设计开发中的用户体验阶段

由于软件设计和开发具有周期性，而不同阶段对用户体验所产生的影响也具有差异，所以在软件设计开发准备期、交互期、反馈期，用户有着不同的体验。从发展趋势上来看，用户体验在准备期以及交互阶段前期，呈逐渐上升的趋势，而在交互阶段后期和反馈阶段则呈下降的趋势。理想的用户体验发展趋势应当是在准备期、交互期和反馈期呈现出平稳态势。

（一）准备期

软件设计开发的准备期是软件用户在获得产品以及使用产品之前的阶段，用户对产品的认知仅仅是设计者或者开发者所提供的设计思路，虽然没有对软件产品本身展开实际交互，但是对用户的心理产生了一定的影响。因此，软件设计开发人员应当从用户角度出发，最大程度地了解用户对产品的渴望与需求，例如，可以从方便用户操作、以最少步骤满足用户需求、界面更加符合用户的审美观等方面考虑。由于准备阶段中的用户体验直接影响着产品在用户心中的形象，所以如果这一阶段产生问题，很容易让用户对软件产品或者软件团队产生负面影响，影响对产品的第一印象。所以只有做好这一阶段的用户体验工作，才能为后面阶段中的用户体验工作做好铺垫。

（二）交互期

所谓交互期就是用户试用产品的时期，在这一段时间，用户和产品开始频繁交互，通过使用产品对其有了更多的了解，因此交互期是用户对产品体验的重要时期，也是软件开发设计人员最注重的时期。由于在这一阶段，软件产品能帮助用户解决一些实际问题，用户对软件的舒适性、方便性以及快捷性有一定的要求，因此软件产品一是要具有完善的实用功能以及实用性，二是需要能够满足用户视觉方面的审美享受，同时要有助于客户加深对产品的理解。所以，通过在这一阶段提高用户体验，可以有效提高用户对软件产品的认可程度，并推动软件产品市场占有率的扩展。

（三）反馈期

反馈期是用户对软件做出评价和改进意见的时期。由于软件产品有着较长的使用周期，所以这一时期比较容易被忽略。这就需要软件开发设计人员高度重视，能够确保用户在软件开发设计的整个周期都有良好的体验，可以彰显出自身的职业道德和专业水平，这对于推动软件产品本身和软件团队都具有重要意义。

三、用户体验的提高策略

（一）注重界面设计，对软件具有一个良好的第一印象

不同的用户有着不同的个性化特点，带有非常强烈的主观性，因此对软件开发者来说，应该打破传统的设计理念，结合该软件所面对用户的特点进行设计。譬如可从用户的操作习惯来布置控件的位置、从用户的喜好来设置界面的主色调、提供合理的错误提示及处理、完善的帮助体系。

（二）注重软件的适用性及运行效率

一个软件的好坏，它的适用性非常重要，若软件产品功能无法满足用户需求，何来的良好用户体验，所以软件的适用性是良好用户体验的前提也是必要条件。软件开发设计的时候一定还需要注意对算法的优化，用户长时间的等待会对产品产生不满的情绪。因此，对软件开发设计者来说，应该在不影响软件程序本身功能的前提下，对软件的代码进行相应的优化，提高软件的运行效率，从而让计算机用户能够体验到高运行效率的软件，使用户成为该软件的长期用户。

（三）软件功能要满足用户的人性化需求

软件的最终目的就是解决问题，既要满足用户在某项功能上的需求，又要为广大用户提供良好的服务。譬如一些统计数据可做动态联查，一层层提取数据，让用户更加明确数据来源；在页面中显示的内容可让用户自行配置，显示用户个人所关心的信息；重视检索功能，方便用户查询等。这些细小的设置，能为用户提供更加人性化和灵活的服务。这就需要软件开发设计者在进行软件设计的时候，能够将用户体验放在首位，让软件产品切实发挥服务的作用，注意对软件程序中的各个模块进行合理、灵活的搭配，能够根据用户的需要提供各不同的操作方式，便于用户选择自己习惯的操作方式。

在以人为本的时代，为用户提供个性化、差异化的体验将成为软件公司的核心竞争力。良好的产品体验会提升产品的档次与价值，同时也会增加用户对产品的忠诚度，重视用户体验，为用户提供一个美好的未来，也能为企业增加更多的用户群，最终实现共赢。

第七章　软件测试过程

第一节　概述

软件测试是一个极为复杂的活动，它贯穿于软件开发的整个生存周期中。规范的软件测试包含五个阶段，分别是测试计划、测试设计、测试开发、测试执行和测试评估。

测试对象也不仅仅是程序代码，还包括开发过程中产生的所有软件产品，甚至是产品使用说明。

要更好地进行软件测试，必须了解测试与软件开发各阶段的关系，掌握软件测试的过程与策略。

软件测试是一项有计划、有组织和有系统的软件质量保证活动，要使测试活动顺利进行，必须首先制订测试计划。

一、测试与软件开发各阶段的关系

在软件开发活动中，软件测试应该从软件生命周期的第一个阶段开始，并且贯穿于整个软件开发的生命周期。软件生命周期的各个阶段中都少不了相应的测试。软件开发过程是一个自顶向下、逐步细化的过程，而测试过程则是依相反的顺序安排的自底向上、逐步集成的过程。低一级测试为上一级测试准备条件。

在软件开发生命周期的几个阶段，测试团队所进行的测试都是为了尽早发现系统中存在的缺陷。在软件的每个生命周期，软件都有相对应的阶段性的输出结果，如需求分析说明书、概要设计说明书、详细设计说明书以及源程序等，而所有的输出结果都应成为被测试的对象。测试过程包括了软件开发生命周期的每个阶段。

在需求分析阶段，测试工作的重点是要确认需求定义是否符合用户的需要，并制订测试计划；在设计阶段，测试工作的重点是要确定概要设计说明书、详细设计说明书是否符合需求定义，以确保集成测试计划和单元测试计划的顺利完成；在编码阶段，测试工作的重点主要由开发人员进行自己负责的代码的单元测试；在测试阶段，通过各种类型的测试，查出软件设计中的错误并改正，确保软件的质量，并在用户参与的情况下进行软件的验收，验收合格后，才可交付使用。在维护阶段，要重新测试系统，以确定更改的部分和没有更改的部分是否都正常工作。

二、软件测试的基本步骤

软件测试过程按测试的先后次序可分成 5 个步骤：单元测试、集成测试、确认测试、系统测试，最后进行验收测试。其中，确认测试、系统测试和验收测试可能交叉与前后互换。

单元测试是软件开发过程中要进行的最低级别的测试活动，是对软件设计的最小单元正确性检验的测试工作，又称模块测试，目的是保证每个模块作为一个单元能够正确运行。集成测试是将经过单元测试的模块按设计要求连接起来进行测试。确认测试又称有效性测试，它的任务是验证软件的有效性，即验证软件的功能和性能及其他特性是否与用户的要求一致。

集成测试通过以后，软件已经被组装成一个软件包，这时就要进行系统测试了。系统测试是针对整个产品系统进行的测试，目的是验证系统是否满足了需求规格的定义，找出与需求规格不符或与之矛盾的地方，从而提出更加完善的方案。系统测试应该按照用户的角度考虑问题，因此对测试人员的技术要求较高，不仅需要掌握测试相关专业知识，还需对所涉及领域有一定了解，且须具有捕捉问题的能力及较为丰富的经验。

系统测试完成并使系统试运行了预定的时间后，应进行验收测试。

由于软件开发设计人员在软件开发设计时，不可能完全预见用户实际使用软件系统的情况。因此，软件是否真正满足用户最终的要求，应由用户进行一系列“验收测试”。而一个软件产品可能拥有众多用户，不可能每个用户都参与验收测试，此时多采用 α 、β 测试的过程，以发现那些似乎只有最终用户才能发现的问题。

α测试是指软件开发公司组织内部人员模拟各类用户行为对即将面市的软件产品（称为α版本）进行测试，试图发现错误并修正。α测试的关键在于尽可能逼真地模拟实际运行环境并尽最大努力涵盖所有可能的用户操作方式。经过α测试调整的软件产品称为β版本。β测试是指软件开发公司组织各方面的典型用户在日常工作中实际使用β版本，并要求用户报告异常情况，提出批评意见。然后软件开发公司再对β版本进行改错和完善。

所以，一些软件开发公司把α测试看成是对一个早期的、不稳定的软件版本所进行的验收测试，而把β测试看成是对一个晚期的、更加稳定的软件版本所进行的验收测试。

三、测试用例设计

测试用例（Test Case）是为某个特殊目标而编制的一组测试输入、执行条件以及预期结果的条件或变量，以便测试某个程序路径或核实是否满足某个特定需求。测试用例构成了设计和制订测试过程的基础。软件测试的本质就是针对要测试的内容确定一组测试用例。

一个好的测试用例应遵循如下原则：

1.基于规范的测试用例

测试用例应符合相关文档中的关于程序的每一个声明，例如设计规范、需求列表、用户接口描述、发布原型或者用户手册等。

2.基于风险的测试用例

设计测试用例前，应先设想程序失败的一个情形，然后设计一个或多个测试来检查这个程序是否真的会在那种情形下失败。

一个完美的基于风险测试的集合应该基于一个详尽的风险列表，一个每种情形都能使程序失败的列表。一个好的基于风险的测试是一个致力于解决特定风险测试的典型代表。

3.尽量避免含糊的测试用例

设计测试用例时，应尽量避免含糊的测试用例。含糊的测试用例会给测试过程带来困难，甚至会影响测试的结果。

通常情况下，在执行测试的过程中，良好的测试用例一般会有两种状态：通过（Pass）、未通过（Failed）或未进行测试（Not Done）。如果测试未通过，一般会有测试的错误（bug）报告进行关联，如未进行测试，则需要说明原因（测试用例本身的错误、测试用例目前不适用、环境因素等）。因此，清晰的测试用例使测试人员在测试过程中不会出现模棱两可的情况，不能说这个测试用例部分通过，部分未通过，或者是从这个测试用例描述中未能找到问题，但软件错误应该出现在这个测试用例中。这样的测试用例将会给测试人员的判断带来困难，同时也不利于测试过程的跟踪。

4.将测试用例抽象归类

由于软件测试过程中是无法进行穷举测试的，因此对功能类似的测试用例的抽象过程显得尤为重要，一个好的测试用例应该能代表一组或者一系列的测试过程。

5.尽量避免冗长和复杂的测试用例

在一些比较复杂的测试用例设计过程中，应将测试用例进行合理的分解，确保在测试执行过程中测试用例输入状态的唯一性，从而便于跟踪和管理。

测试用例的设计除了要遵循前面提到的基本原则外，还至少应该包括几个基本信息：①在执行测试用例之前，应满足的前提条件；②输入（合理的、不合理的）；③预期输出（包括后果和实际输出）。

测试用例是测试工作的核心，应该尽量设计得周密细致，这样才能更好地保证测试工作的质量。下面以一个实现登录功能的小程序的测试用例设计来说明这一点。

四、程序的静态测试

所谓静态测试（Static Testing）是指不运行被测程序本身，仅通过分析或检查源程序的文法、结构、过程、接口等来检查程序的正确性，以发现编写的程序的不足之处，减少错误出现的概率。

静态测试主要包括代码检查、静态结构分析、代码质量度量等。它可以由人工进行，充分发挥人的逻辑思维优势，也可以借助软件工具自动进行。

静态测试阶段的任务有：

①检查算法的逻辑正确性。

②检查模块接口的正确性。

③检查输入参数是否有正确性检查。

④检查调用其他模块的接口是否正确。

⑤检查是否设置了适当的出错处理。

⑥检查表达式、语句是否正确，是否含有二义性。

⑦检查常量或全局变量使用是否正确。

⑧检查标识符的使用是否规范一致。

⑨检查程序风格的一致性、规范性。

⑩检查代码是否可以优化，算法效率是否可以提高。

⑪检查代码注释是否完整，是否正确反映了代码的功能。

静态测主要包括：

1.产品说明书检查

产品说明书是对产品的介绍和说明，包括外观、用途、性质、性能、原理、构造、规格、使用方法、保养维护、注意事项等内容。产品说明书应在用户需求评审会召开后，进行概要设计前进行。

由于对测试人员而言，他们的主要任务就是尽早找出软件缺陷，而产品说明书是导致软件缺陷的最主要原因。因此，只有对产品说明书进行详细的检查，确认产品需要实现的功能，才能拟定切实可行的测试方案。

在检查产品说明书时，应站在一定的高度进行审查，发现产品说明书是否存在根本性的问题、疏忽和遗漏之处。首先应从客户的角度来看待和使用软件；其次应研究现有规范和标准，以此来进行审查，主要任务是检查说明书是否套用了正确的标准，有无遗漏；最后还应审查和测试同类软件，这对于测试条件和测试方法的设计很有帮助，还可以帮助找出原来没有发现的潜在的问题。

2.代码检查

代码检查是一种对程序代码进行的静态检查，包括代码走查、桌面检查、代码审查等，主要检查代码和设计的一致性，代码对标准的遵循、可读性，代码的逻辑表达的正确性，代码结构的合理性等方面。代码检查的具体内容包括变量检查、命名和类型检查、程序逻辑检查、程序语法检查和程序结构检查等内容。通过代码检查可以发现违背程序编写标准的问题，以及程序中不安全、不明确和模糊的部分，找出程序中不可移植的部分、违背程序编程风格的问题。在实践中代码检查通常能发现30%～70%的逻辑设计和编码缺陷。

3.静态结构分析

静态结构分析主要是以图形的方式表现程序的内部结构。例如，函数调用关系图、函数内部控制流图等。

4.代码质量度量

软件的质量是软件属性的各种标准度量的组合，包括功能性、可靠性、易用性、效率、可维护性和可移植性。各种高质量的代码和良好的编码实现方式可以使代码更稳固，且便于维护。

针对软件的可维护性，目前业界主要存在三种度量参数：Line复杂度、Halstead复杂度和McCabe复杂度。其中Line复杂度以代码的行数作为计算的标准；Halstead复杂度以程序中使用到的运算符和运算元数量作为计数目标（直接测量指标），然后可以据此计算出程序容量、工作量等；McCabe复杂度一般称为圈复杂度，它将软件的流程图转化为有向图，然后用图论来衡量软件的质量。

五、调试（Debug，排错）

软件调试是在进行了成功的测试之后才开始的工作。它与软件测试不同，测试的目的是尽可能多地发现软件中的错误，调试的任务则是进一步诊断和改正程序中潜在的错误。

调试活动由两部分组成：

①确定程序中可疑错误的确切性质和位置。

②对程序（设计、编码）进行修改，排除这个错误。

通常，调试工作是一个具有很强技巧性的工作。一个软件人员在分析测试结果的时候会发现，软件运行失效或出现问题，往往只是潜在错误的外部表现，而外部表现与内在原因之间常常没有明显的联系。如果要找出真正的原因，排除潜在的错误，不是一件易事。因此，可以说，调试是通过现象找出原因的一个思维分析的过程。

1.调试的步骤

调试应按以下几个步骤进行：

①从错误的外部表现形式入手，确定程序中出错的位置。

②研究有关部分的程序，找出错误的内在原因。

③修改设计和代码，以排除这个错误。

④重复进行暴露了这个错误的原始测试或某些有关测试，以确认该错误是否被排除；是否引进了新的错误。

⑤如果所做的修正无效，则撤销这次改动，重复上述过程，直到找到一个有效的解决办法为止。

2.几种主要的调试方法

调试的关键在于推断程序内部的错误位置及原因。为此，可以采用以下方法：

（1）强行排错

这是目前使用较多，但效率较低的调试方法。它的优点是不需要过多的思考，比较“省脑筋”。例如，通过内存全部打印来排错（Memory Dump）；在程序特定部位设置打印语句；自动调试工具。

（2）回溯法排错

这是在小程序中常用的一种有效的排错方法。一旦发现了错误，人们先分析错误征兆，确定最先发现“症状”的位置。然后，人工沿程序的控制流程，向前追踪源程序代码，直到找到错误根源或确定错误产生的范围。

回溯法对于小程序很有效，往往能把错误范围缩小到程序中的一小段代码，然后仔细分析这段代码不难确定出错的准确位置。但对于大程序，由于回溯的路径数目较多，回溯会变得很困难。

（3）归纳法排错

归纳法是一种从特殊推断一般的系统化思考方法。归纳法排错的基本思想是：从一些线索（错误征兆）着手，通过分析它们之间的关系来找错误。它一般从测试所暴露的问题出发，收集所有正确与不正确的数据，分析它们之间的关系，提出假想的错误原因，用这些数据来证明或反驳，从而查出错误所在。

（4）演绎法排错

演绎法是一种从一般原理或前提出发，经过排除和精化的过程来推导出结论的思考方法。演绎法排错是测试人员首先根据已有的测试用例，设想及枚举出所有可能出错的原因作为假设；然后再用原始测试数据或新的测试，从中逐个排除不可能正确的假设；最后，再用测试数据验证余下的假设确实是出错的原因。

第二节　测试计划

成功的测试必须以一个良好的、切实可行的测试计划作为基础。测试计划是测试的起始步骤和重要环节。

一、测试计划的要点和制订过程

（一）测试计划的要点

测试计划是叙述预定测试活动的范围、途径、资源、进度、安排的一份文档，它由项目经理或开发项目负责人编写。软件测试是有计划、有组织和有系统的软件质量保证活动，而不是随意的、松散的、杂乱的实施过程。通过测试计划，领导能够根据测试计划做宏观调控，进行相应资源配置等；测试人员能够了解整个项目测试情况及测试不同阶段所要进行的工作；其他人员能够了解测试人员的工作内容，进行有关配合工作。因此，为了规范软件测试内容、方法和过程，在对软件进行测试之前，必须创建测试计划。

测试计划要从技术和管理两方面开展工作，此阶段要完成的主要任务有：

①对需求规格说明书仔细研究；

②确定软件测试的范围及技术要求；

③确定软件测试的策略；

④分析测试需求，确定被测试软件的功能和特性；

⑤确定软件测试的资源、人员、进度要求；

⑥确定软件测试过程中的预期风险；

⑦制订软件测试的软件质量保证计划；

⑧制订软件测试的配置管理计划。

做好软件的测试计划不是一件容易的事情，需要综合考虑各种影响测试的因素。测试计划应包含如下要点：

①测试活动进度综述，可供项目经理产生项目进度时参考；

②测试方法，包括测试工具的使用及如何和何时获取工具；

③实施测试和报告结果的过程；

④系统测试进入和结束准则；

⑤设计、开发和执行测试所需的人员；

⑥设备资源，需要什么样的机器和测试基准；

⑦恰当的测试覆盖率目标；

⑧测试所需的特殊软件和硬件配置；

⑨测试应用程序策略；

⑩测试哪些特性，不测试哪些特性；

⑪风险和意外情况计划。

（二）测试计划制订过程

测试计划的制订要经过分析和测试软件需求、制订测试策略、定义测试环境、定义测试管理、编写和审核测试计划等几个过程。

制订测试计划的时候要注意以下关键问题：

1.明确测试的目标，增强测试计划的实用性

当今的商业软件都包含了丰富的功能，因此软件测试的内容千头万绪，如何在纷乱的测试内容之间提炼测试的目标，是制订软件测试计划时首先需要明确的问题。

测试目标必须是明确的，是可以量化和度量的，而不是模棱两可的宏观描述；另外，测试目标应该相对集中，避免罗列出太多的目标，导致轻重不分或平均用力。根据对用户需求文档和设计规格文档的分析，确定被测软件的质量要求和测试需要达到的目标。

编写软件测试计划的主要目的就是使测试过程能够发现更多的软件缺陷，因此软件测试计划的价值取决于它对管理测试项目是否有帮助，并且能否找出软件潜在的缺陷。因此，软件测试计划中的测试范围必须高度覆盖功能需求，测试方法必须切实可行，测试工具应具有较高的实用性，便于使用，生成的测试结果直观、准确。

2.坚持“5W1H”分析方法，明确内容与过程

“5W1H”分析方法中的5W和1H分别是指：“What”“Why”“When”“Where”“Who”和“How”。

利用“5W1H”分析方法创建软件测试计划，可以帮助测试团队理解测试的目的（Why），明确测试的范围和内容（What），确定测试的开始和结束日期（When），指出测试的方法和工具（How），给出测试文档和软件的存放位置（Where）。

3.采用评审和更新机制，保证测试计划满足实际需求

测试计划写作完成后，如果没有经过评审，直接发送给测试团队，测试计划的内容可能不准确或遗漏测试内容，或者软件需求变更引起测试范围的增减，而测试计划的内容没有及时更新，误导测试执行人员。

测试计划包含多方面的内容，编写人员可能受自身测试经验和对软件需求的理解所限制，且软件开发是一个渐进的过程，所以最初创建的测试计划可能是不完善的、需要更新的。须采取相应的评审机制对测试计划的完整性、正确性、可行性进行评估。例如，在创建完测试计划后，提交到由项目经理、开发经理、测试经理、市场经理等组成的评审委员会审阅，根据审阅意见和建议进行修正和更新。

4.创建测试计划与测试详细规格、测试用例

编写软件测试计划要避免的一种不良倾向是测试计划的“大而全”，无所不包，篇幅冗长，长篇大论，重点不突出，既浪费写作时间，也浪费测试人员的阅读时间。“大而全”的一个常见表现就是测试计划文档包含详细的测试技术指标、测试步骤和测试用例。最好的方法是把详细的测试技术指标包含到独立创建的测试详细规格文档，把用于指导测试小组执行测试过程的测试用例放到独立创建的测试用例文档或测试用例管理数据库中。

测试计划和测试详细规格、测试用例之间是战略和战术的关系，测试计划主要从宏观上规划测试活动的范围、方法和资源配置，而测试详细规格、测试用例是完成测试任务的具体战术。

另外，要注意的是，一个好的计划可以保证项目50%的成功率，另外50%靠有效的执行；测试计划只是一个文件，不要单纯地去编制一个测试计划，要计划测试过程，不要为了计划而计划；测试计划是指导要做什么的所有想法，必须要起到协调所有与测试相关人员的作用，包括测试工程师、客户参与人员和项目参与人员。

二、分析和测试软件需求

（一）软件需求分析

软件需求是软件开发的前提，同时也是系统验收的依据，软件测试计划的制订应从软件需求分析开始。这样做一方面可以尽早地了解被测系统，体现了软件测试的原则；另一方面，如果在需求分析阶段发现系统存在严重的Bug（此阶段的Bug最多），或者发现不可测的地方，可以及时地进行修改，避免了后期修改Bug的巨大成本浪费。

在软件需求分析中，测试工作人员应理解需求，参与审核需求文档，理解项目的目标和限制，了解用户应用背景，编写测试计划，准备资源。

软件需求分析应按以下步骤进行：

1.收集用户需求

用户需求收集是进行软件需分析的第一步，需求收集得到的各种用户需求素材是产品需求的唯一来源。也可以说需求收集的质量影响着产品最终的质量。

2.编写需求定义文档

需求文档是进行设计、编码、测试的基础文件，软件需求文档中，需要描述下列内容：说明、一般描述、各种限制条件、假定和依赖、功能需求、非功能需求、参考等。

3.编写软件功能说明

软件功能说明主要描述软件产品的功能，为设计、开发和测试阶段以及产品相关人员提供参考。

4.编写软件需求跟踪矩阵

对于需求文档中的每项需求，要确保以下问题：

①是否完成了相应的设计？是否编写完成了相应的代码？在哪里可以找到这些代码？

②是否编写完成了相应的单元测试用例？是否进行了单元测试？

③是否完成了相应的集成测试用例？是否进行了集成测试？

而软件的需求跟踪矩阵能描述上述问题。

5.审核软件需求文档

应从以下几个方面来审核需求文档：

①需求文档是否符合公司的格式要求？

②需求是否正确？

③要保证需求文档中所描述的内容是真实可靠的

④这是“真正的”需求吗？描述的产品是否就是要开发的产品？

⑤需求是否完备？列出的需求是否能减去一部分？

⑥需求是否兼容？需求有可能是矛盾的。

⑦需求是否可实现？

⑧需求是否合理？

⑨需求是否可测？

（二）测试软件需求

软件需求分析完成后，还要对软件需求进行测试。对软件需求进行测试的方法主要有复查（Review）、走查（Walkthrough）和审查（Inspection）。

复查一般是让工作中的合作者检查产品并提出意见，属于同级互查。同级互查可以面对面进行，也可以通过 E-Mail 实现，并没有统一标准。同级互查发现文档缺陷的能力是三种方法中最弱的。

与审查相比较，走查较为宽松，其事先需要收集数据，也没有输出报告的要求。

审查是为发现缺陷而进行的。关键组件的审查要通过会议进行，会前每个与会者需要进行精心准备，会议必须按规定的程序进行，审查中发现的缺陷要被记录并形成会议报告。审查被证明是非常有效的发现缺陷的方法。

对软件需求进行分析和测试后，应根据用户需求定义并完善测试需求，以作为整个测试的标准。

三、测试策略

测试需求确定后，就要根据需求制订相应的测试策略。制订测试策略时应考虑测试范围、测试方法、测试标准和测试工具等问题。

（一）定义测试范围

定义测试范围是一个在测试时间、费用和质量风险之间寻找平衡的过程。测试过度，则可能在测试覆盖中存在大量冗余；测试不足，则存在遗漏错误的风险。应通过分析产品的需求文档识别哪些需要被测试。

定义测试范围需要考虑的因素有：

①首先测试最高优先级的需求。

②测试新的功能和代码或者改进的旧功能。

③使用等价类划分来减小测试范围。

④重点测试经常出问题的地方。

要注意的是，测试范围不能仅仅由测试人员来确定。测试范围的确定可采用提问单的方式来进行。提问单上应包括以下问题：

①哪些功能是软件的特色？

②哪些功能是用户最常用的？

③如果系统可以分块卖的话，哪些功能块在销售时最昂贵？

④哪些功能出错将导致用户不满或索赔？

⑤哪些程序是最复杂、最容易出错的？

⑥哪些程序是相对独立并应当提前测试的？

⑦哪些程序最容易扩散错误？

⑧哪些程序是全系统的性能瓶颈所在？

⑨哪些程序是开发者最没有信心的？

（二）选择测试方法

在软件生命周期的不同阶段，需要选择不同的测试方法。

（三）定义测试标准

定义测试标准的目的是设置测试中需遵循的规则。需要制订的标准有测试入口标准、测试出口标准和测试暂停与继续标准。

测试入口标准指在什么情况下开始某个阶段的测试，如开始系统测试的入口标准：软件测试包、系统测试计划、测试用例、测试数据、环境，已经通过集成测试。测试出口标准指什么情况下可以结束某个阶段的测试，例如，所有测试用例被执行，未通过的测试案例小于某个值。测试暂停与继续标准指什么情况下测试该暂停及什么情况下测试该测试。

制订测试标准常用的规则如下：

1.基于测试用例的规则

该规则要求当测试用例的不通过率达到某一百分比时，则拒绝继续测试。该规则的优点是适用于所有的测试阶段，缺点是太依赖于测试用例。

2.基于“测试期缺陷密度”的规则

“测试期缺陷密度”是指测试一个 CPU 小时发现的缺陷数。

该规则是指如果在相邻 n 个 CPU 小时内“测试期缺陷密度”全部低于某个值 m 时，则允许正常结束测试。

3.基于“运行期缺陷密度”的规则

“运行期缺陷密度”是指软件运行一个 CPU 小时发现的缺陷数。

该规则是指如果在相邻 n 个 CPU 小时内“运行期缺陷密度”全部低于某个值 m 时，则允许正常结束测试。

（四）选择自动化测试工具

使用自动化测试工具能够提高测试工作的可重复性，更好地进行性能测试和压力测试，并能够缩短测试周期。自动化测试工具在测试中已经得到越来越广泛的使用。

自动化测试工具的选择需要注意以下几方面：

①并不是所有的测试工作都可以由测试工具来完成。

②并不是一个自动化工具就可以完成所有的测试。

③使用自动化测试工具本身也是需要时间的，这个时间有可能超过手工测试的时间。

④如果测试人员不熟悉测试工具的使用，有可能不能发现更多的软件错误，从而影响测试工作质量。

⑤自动化测试工具并不能对一个软件进行完全的测试。

⑥购买自动化测试工具，有可能使本项目的测试费用超出预算。

四、测试环境

在软件开发活动中，从软件的编码、测试到用户实际使用，对应着开发环境、测试环境和用户环境。

测试环境是测试人员为进行软件测试而搭建的环境，一般情况下包括多种典型的用户环境。测试环境的环境项包括计算机平台、操作系统、浏览器、软件支持平台、外部设备、网络环境和其他专用设备。经过良好规划和管理的测试环境，可以尽可能地减少环境的变动对测试工作的不利影响，并可以对测试工作的效率和质量的提高产生积极的作用。

要配置良好的测试环境，需要考虑测试范围中的平衡问题。在搭建测试环境的时候，要排列配置的优先级，主要应考虑下列问题：

①使用的频度或者范围。

②失效的可能性。

③能最大限度模拟真实环境。

五、测试管理

为了确保软件的质量，对测试的过程应进行严格的管理。在测试管理方面，需要考虑的主要问题包括：选择缺陷管理工具和测试管理工具，定义工作进度，建立风险管理计划。

（一）缺陷管理工具和测试管理工具的选择

在执行测试的过程中，缺陷管理工具和测试管理工具并不是必需的。但多数公司都会使用缺陷管理工具。因此，在测试计划阶段，需要确定用什么工具进行测试管理和缺陷管理，如使用 TestDirector 还是使用 Bugzilla 进行管理等。

（二）定义工作进度

1.确认工作任务

工作任务可以分为两类，一类是可以直接和需求文档对应起来的，另外一类则和需求文档没有直接的关联。在需求文档中，描述了软件的功能性需求和非功能性需求，对需求中的每一个条目，都应该有相应的测试工作与之对应。

与需求文档没有直接关联的任务主要有：执行测试时设置和配置系统，开发和安装专用测试工具，学习使用测试工具，定制测试工具，将测试用例编写为脚本或数据文件，重新运行以前没通过的测试用例，产生测试报告和测试总结文档，编写测试计划，编写质量报告、缺陷报告，人员培训，与程序员之间的交流，与客户之间的交流等。

确认好测试任务后，还应该排列这些任务的优先级。

2.估算工作量

确认完工作任务后，还要进行工作量的估算，工作量可以使用“人*日”“人*月”“人*年”这样的单位。测试工作量的估算可以采用以下方法：

①建立详细的工作分解结构。

②分析以往项目，寻找历史数据。

③使用评估模型。

在估算工作量时，还要注意“返工”的问题。

3.编写进度计划

定义工作进度的最后一项工作是编写进度计划，进度计划可以用甘特图的形式来表示。

在进度计划的编写过程中，要确保：

①所有任务都已经被列出。

②计划中包含了任务编号、任务名称、开始时间、完成时间、持续时间等信息。

③计划是可行的，资源要求能够被满足。

④按照此计划开展实际工作。

⑤如果有变化，该计划将被及时更新。

（三）建立风险管理计划

由于在软件测试中面临很多问题，因此要建立风险管理计划，在软件测试中面临的问题主要有：

①由于设计、编码出现了大的质量问题，导致测试工作量和测试时间增加。

②在开始测试时，所需要的硬件、软件没有准备好。

③未能完成对测试人员的技术培训。

④测试时的人力资源安排不足。

⑤在测试过程中，发生了大量的需求变更。

⑥在测试过程中，项目的开发计划被进行大幅度调整。

⑦不能及时准备好所需要的测试环境。

⑧不能及时准备好测试数据。

风险管理的过程就是识别风险→评估风险→制订对策→跟踪风险的过程。

六、编写和审核测试计划

制订测试计划的最后一个阶段就是编写测试计划，形成测试文档。编写测试计划时应注意以下事项：

①测试计划不一定要尽善尽美，但一定要切合实际，要根据项目特点、公司实际情况来编制，不能脱离实际情况。

②测试计划一旦制订下来，并不就是一成不变的，软件需求、软件开发、人员流动等都在时刻发生着变化，测试计划也要根据实际情况的变化而不断进行调整，以满足实际测试要求。

③测试计划要能从宏观上反映项目的测试任务、测试阶段、资源需求等，不一定要太过详细。

另外，由于测试的种类多、内容广且时间分散，而且不同的测试工作由不同的人员来执行，因此一般把单元测试、集成测试、系统测试、验收测试各阶段的测试计划分开来写。

测试计划编写完成后，一般要对测试计划的正确性、全面性以及可行性等进行审核，评审人员的组成包括软件开发人、营销人员、测试负责人以及其他有关项目负责人。

第八章　软件测试方法

第一节　白盒测试方法

一、白盒测试概述

根据软件产品的内部工作过程，在计算机上进行测试，以证实每种内部操作是否符合设计规格要求，所有内部成分是否已经过检查，这种测试方法就是白盒测试。白盒测试把测试对象看作一个打开的盒子，允许测试人员利用程序内部的逻辑结构及有关信息，设计或选择测试用例，对程序所有逻辑路径进行测试；通过在不同点检查程序的状态，确定实际的状态是否与预期的状态一致。

白盒测试又称为结构测试，主要是根据被测程序的内部结构设计测试用例。白盒测试根据测试方法可以分为静态白盒测试和动态白盒测试。

静态白盒测试是指在不执行程序的条件下有条理地仔细审查软件设计、体系结构和代码，从而找出软件缺陷的过程。

动态白盒测试是指测试运行中的程序，并利用查看代码功能和实现方式得到的信息来确定哪些需要测试，哪些不要测试，如何开展测试等，从而设计和执行测试，找出软件缺陷的过程。

二、典型的白盒测试方法

（一）逻辑覆盖法

有选择地执行程序中某些有代表性的通路是代替穷举测试的有效方法。所谓逻辑覆盖是对一系列测试的总称，这些方法覆盖源程序语句的程度有所不同。这种方法要求测试人员对程序的逻辑结构有清楚的理解，甚至要能掌握源程序的所有细节。按照覆盖程度由高到低，大致分为下列覆盖标准：

1.语句覆盖

语句覆盖就是设计若干个测试用例，然后运行被测程序，使得每一条可执行语句至少执行一次。这种覆盖又称为点覆盖，它使得程序中每个可执行语句都得到执行，但它是最弱的逻辑覆盖标准，效果有限，必须与其他方法交互使用。

2.判定覆盖

判定覆盖就是设计若干个测试用例，然后运行被测程序，使得程序中每个判断的取真分支和取假分支至少经历一次。判定覆盖又称为分支覆盖。

如果判定覆盖只比语句覆盖稍强一些，还不能保证一定能查出在判断的条件中存在的错误。因此，还需要更强的逻辑覆盖准则去检验判断内部条件。

3.条件覆盖

条件覆盖就是设计若干个测试用例，然后运行被测程序，使得程序中每个判断的每个条件的可能取值至少执行一次。

4.判定—条件覆盖

判定—条件覆盖就是设计足够的测试用例，使得判断中每个条件的所有可能取值至少执行一次，同时每个判断本身的所有可能判断结果至少执行一次。换言之，即要求各个判断的所有可能的条件取值组合至少执行一次。

判定—条件覆盖也是有缺陷的。从表面上来看，它测试了所有条件的取值，但是事实并非如此。往往某些条件掩盖了另一些条件，会遗漏某些条件取值错误的情况。为彻底地检查所有条件的取值，需要将判定语句中给出的复合条件表达式进行分解，形成由多个基本判定嵌套的流程图。

5.条件组合覆盖

多重条件覆盖就是设计足够的测试用例，运行被测程序，使得每个判断的所有可能的条件取值组合至少执行一次。

这是一种相当强的覆盖准则，可以有效地检查各种可能的条件取值的组合是否正确。它不但可覆盖所有条件的可能取值的组合，还可覆盖所有判断的可取分支，但可能有的路径还是会遗漏掉，测试还不完全。

6.路径测试

路径测试就是设计足够的测试用例，覆盖程序中所有可能的路径。这是最强的覆盖准则。但在路径数目很大时，真正做到完全覆盖是很困难的，必须把覆盖路径数目压缩到一定限度。

（二）控制结构测试

根据程序的控制结构设计测试数据称为控制结构测试。下面介绍几种常用的控制结构测试技术。

1.基本路径测试

如果把覆盖的路径数压缩到一定限度内，例如，程序中的循环体只执行 0 次和 1 次，就成为基本路径测试。它是在程序控制流图的基础上，通过分析控制构造的环路复杂性，导出基本可执行路径集合，从而设计测试用例的方法。

设计出的测试用例要保证在测试中，程序的每一个可执行语句至少要执行一次。在做基本路径测试时需要先画出程序的控制流图并计算流图的环型复杂度，下面先对此进行介绍。

（1）程序的控制流图

控制流图是描述程序控制流的一种图示方法。符号○称为控制流图的一个结点，一组顺序处理框可以映射为一个单一的结点。控制流图中的箭头线称为边，它表示了控制流的方向，在选择或多分支结构中分支的汇聚处，即使没有执行语句也应该有一个汇聚结点。边和结点圈定的区域叫作区域，当对区域计数时，图形外的区域也应记为一个区域。

如果判定中的条件表达式是复合条件时，即条件表达式是由一个或多个逻辑运算符（or，and，nand，nor）连接的逻辑表达式，则需要改复合条件的判定为一系列只有单个条件的嵌套的判定。

（2）计算程序环形复杂度

进行程序的基本路径测试时，程序的环形复杂度给出了程序基本路径集合中的独立路径条数，这是确保程序中每个可执行语句至少执行一次所必需的测试用例数目的最小值。所谓独立路径，是指包括一组以前没有处理的语句或条件的一条路径。

只要设计出的测试用例能够确保这些基本路径的执行，就可以使得程序中的每个可执行语句至少执行一次，每个条件的取真和取假分支也能得到测试。基本路径集不是唯一的，对于给定的控制流图，可以得到不同的基本路径集。

通常环形复杂度可用以下三种方法求得：

①将环形复杂度定义为控制流图中的区域数。

②若设 E 为控制流图的边数，N 为控制流图的结点数，则定义环形复杂度为 V（G）=E−N+2。

③若设 P 为控制流图中的判定结点数，则有 V（G）=P+1。

基本路径测试法是在程序控制流图的基础上，通过分析控制构造环形复杂度，导出基本可执行路径集合，设计测试用例。可按下面步骤进行：

第一步：以详细设计或源代码作为基础，导出程序的控制流图。

第二步：计算控制流图 G 的环形复杂度 V（G）。

第三步：确定独立路径的集合，即确定线性无关的路径的基本集。

第四步：测试用例生成，确保基本路径集中每条路径的执行。

2.条件测试

程序中的条件分为简单条件和复合条件。简单条件是一个布尔变量或一个关系表达式（可加前缀 not），复合条件由简单条件通过逻辑运算符（and、or、not）和括号连接而成。如果条件出错，至少是条件中某一成分有错。条件中可能的出错类型有：布尔运算符错误、布尔变量错误、布尔括号错误、关系运算符错误、算术表达式错误。

如果在一个判定的复合条件表达式中每个布尔变量和关系运算符最多只出现一次，而且没有公共变量，则应用一种称之为 BRO（branch and relational，分支与关系运算符）的测试法可以发现多个布尔运算符或关系运算符错误，以及其他错误。

BRO 策略引入条件约束的概念。设有 n 个简单条件的复合条件 C，其条件约束为 D=（D1，D2，…，Dn），其中 Di（1≤i≤n）是条件 C 中第 i 个简单条件的输出约束。如果在 C 的执行过程中，其每个简单条件的输出都满足 D 中对应的约束，则称条件 C

的条件约束 D 由 C 的执行所覆盖。特别地，布尔变量或布尔表达式的输出约束必须是真（T）或假（F）；关系表达式的输出约束为符号＞、=、＜。

（1）设条件为 C1：B1&；B2

其中 B1、B2 是布尔变量，C1 的输出约束为（D1，D2），在此，D1 和 D2 或为 T 或为 F。则（T，F）是 C1 可能的一个约束。覆盖此约束的测试（一次运行）将令 B1 为 T，B2 为 F。BRO 策略要求对 C1 的可能约束集合 {（T，T），（F，T），（T，F）} 中的每一个分别设计一组测试用例。如果布尔运算符有错，这三组测试用例的运行结果必有一组导致 C1 失败。

（2）设条件为 C2：B1&；（E3=E4）

其中 B1 是布尔表达式，E3 和 E4 是算术表达式，C2 的输出约束为（D1，D2），在此，D1 或为 T 或为 F；D2 则是＜、=或＞。除了 C2 的第二个简单条件是关系表达式以外，C2 和 C1 相同，即只有 D2 与 C1 中 D2 的不同，所以可以修改 C1 的约束集合 {（T，T），（F，T），（T，F）}，得到 C2 的约束集合。因为在（E3=E4）中，“T”相当于“=”，“F”相当于“＜”或“＞”，则 C2 的约束集合为 {（T，=），（F，=），（T，＜），（T，＞）}。据此设计四组测试用例，检查 C2 中可能的布尔或关系运算符中的错误。

（3）设条件为 C3：（E1＞E2）&；（E3=E4）

其中 E1、E2、E3、E4 都是算术表达式，C3 的输出约束为（D1，D2），在此，D1 和 D2 的约束均为＜、=、＞。C3 中只有 D1 与 C2 中的 D1 不同，可以修改 C2 的约束集合 {（T，=），（F，=），（T，＜），（T，＞）}，导出 C3 的约束集合。因为在（E1＞E2）中，“T”相当于“＞”，“F”相当于“＜”或“=”，则 C3 的约束集合为 {（＞，=），（＜，=），（=，=），（＞，＜），（＞，＞）}。根据这个约束集合设计测试用例，就能够检测 C3 中的关系运算符中的错误。

3.循环测试

循环分为 4 种不同类型：简单循环、连锁循环、嵌套循环和非结构循环。

对于简单循环，测试应包括以下几种（其中的 n 表示循环允许的最大次数）：

①零次循环：从循环入口直接跳到循环出口。

②一次循环：查找循环初始值方面的错误。

③二次循环：检查在多次循环时才能暴露的错误。

④m 次循环：此时的 m＜n，也是检查在多次循环时才能暴露的错误。

⑤最大次数循环、比最大次数多一次的循环、比最大次数少一次的循环。

对于嵌套循环，不能将简单循环的测试方法随意地扩大到嵌套循环，因为可能的测试数目将随嵌套层次的增加呈几何倍数增长。这可能导致一个天文数字的测试数目。下面给出一种有助于减少测试数目的测试方法：

①除最内层循环外，从最内层循环开始，置所有其他层的循环为最小值。

②对最内层循环做简单循环的全部测试。测试时保持所有外层循环的循环变量为最小值。另外，对越界值和非法值做类似的测试。

③逐步外推，对其外面一层循环进行测试。测试时保持所有外层循环的循环变量取最小值，所有其他嵌套内层循环的循环变量取“典型”值。

④反复进行，直到所有各层循环测试完毕。

⑤对全部各层循环同时取最小循环次数，或者同时取最大循环次数。对于后一种测试，由于测试量太大，需人为指定最大循环次数。

对于连锁循环，要区别两种情况。如果各个循环互相独立，则连锁循环可以用与简单循环相同的方法进行测试。例如，有两个循环处于连锁状态，则前一个循环的循环变量的值就可以作为后一个循环的初值。但如果几个循环不是互相独立的，则需要使用测试嵌套循环的办法来处理。

对于非结构循环，应该使用结构化程序设计方法重新设计测试用例。

三、白盒测试的工具

（一）工具的分类

1.静态测试工具

静态测试工具直接对代码进行分析，不需要运行代码，也不需要对代码编译链接，生成可执行文件。静态测试工具一般是对代码进行语法扫描，找出不符合编码规范的地方，根据某种质量模型评价代码的质量，生成系统的调用关系图等。

静态测试工具的代表有 Telelogic 公司的 Logiscope 软件、PR 公司的 PRQA 软件。

2.动态测试工具

动态测试工具与静态测试工具不同，动态测试工具一般采用“插桩”的方式，向代码生成的可执行文件中插入一些监测代码，用来统计程序运行时的数据。其与静态测试工具最大的不同就是动态测试工具要求被测系统实际运行。

动态测试工具的代表有 Compuware 公司的 DevPartner 软件、Rational 公司的 Purify 系列。

（二）JUnit 简介

JUnit 是由 Erich Gamma 及 Kent Beck 两人开发的，用于 Jave 语言编写的面向对象程序的单元测试工具，并由 ScoreForge 发行。JUnit 是一个免费软件。JUnit 的授权方式为 IBM's Common Public License 1.0 版。

1.Package framework 的主要类说明

（1）Interface Test

整个测试的基础接口。其主要方法有：

.countTestCases：统计 TestCases 数目。

.run：运行测试并将结果返回到指定的 TestResult 中。

（2）Class Assert

Assert 是一个静态类，它提供的方法都是 Static 的，最常用的是：

.assertTrue：assert 的替代方法，判断一个条件是否为真。

.assertEquals：用于判断实际值和期望值是否相同（Equals），可以是各种 Java 对象。

.assertNotNull：判断一个对象是否不为空。

.assertNull：判断一个对象是否为空。

.assertSame：判断实际值和期望值是否为同一个对象，注意和 assertEquals（）区分。

（3）Class TestCase

为使用者最主要使用的类：

.countTestCases：返回 TestCase 数目。

.run：运行 TestCase，如果没有指定结果存储 TestResult，将调用 createResult 方法。

.setUp：设定了进行初始化的任务，在运行 runTest 前调用 setUp（）。

.tearDown：在运行 runTest 后调用。

（4）Class TestResult

用于运行并收集测试结果（通过 Exception 捕获）。

（5）Class TestSuite

用于将多个 TestCase 集合起来放在一起管理。

2.Package textui 的主要类说明

Package textui 仅有一个类 TestRunner，用于实现文本方式的运行。方法调用如下：

［Windows］d：＞java junit.textui.TestRunner testCar

［Unix］%java junit.textui.TestRunner testCar

3.Package swingui 的主要类说明

Package swingui 仅有一个类 TestRunner，用于实现图形方式的运行。方法调用如下：

［Windows］d：＞java junit.swingui.TestRunner testCar

［Unix］%java junit.swingui.TestRunner testCar

4.JUnit 安装

①获取 JUnit 的软件包，从 JUnit 官网下载最新的软件包。

②将其在适当的目录下解包（如安装在 D：\junit2）。这样在安装目录（也就是所选择的解包的目录）下能找到一个名为 junit.jar 的文件。将这个 jar 文件加入 CLASSPATH 系统变量中（IDE 的设置会有所不同，参看所用的 IDE 的配置指南），JUnit 就安装完成了。

第二节　黑盒测试技术

一、黑盒测试概述

黑盒测试又称为数据驱动测试、基于规格的测试、输入输出测试或者功能测试。黑盒测试基于产品功能规格说明书，从用户角度针对产品特定的功能和特性进行验证活动，确认每个功能是否得到完整实现，用户能否正常使用这些功能。

其有效性建立在对测试结果的评估和对测试过程中确定的变更请求（缺陷）分析的基础上。

1.黑盒测试主要用途

①是否有不正确或遗漏了的功能。

②在接口上，能否正确地接收输入数据，能否产生正确的输出信息。

③访问外部信息是否有错。

④性能上是否满足要求。

⑤界面是否错误，是否不美观。

⑥初始化或终止错误。

2.黑盒测试的两种基本方法

黑盒测试有两种基本方法，即通过测试和失败测试。

在进行通过测试时，实际上是确认软件能做什么，而不会去考验其能力如何。软件测试员只运用最简单、最直观的测试案例。

在设计和执行测试案例时，总是先要进行通过测试。在进行破坏性试验之前，看一看软件基本功能是否能够实现。这一点很重要，否则在正常使用软件时就会奇怪地发现，为什么会有那么多的软件缺陷存在？

在确信了软件正确运行之后，就可以采取各种手段通过破坏软件来找出缺陷。纯粹为了破坏软件而设计和执行的测试案例，被称为失败测试或迫使出错测试。

3.黑盒测试的优、缺点

黑盒测试的优点有：

①比较简单，不需要了解程序内部的代码及实现。

②与软件的内部实现无关。

③从用户角度出发，能很容易地知道用户会用到哪些功能，会遇到哪些问题。

④基于软件开发文档，所以也能知道软件实现了文档中的哪些功能。

⑤在做软件自动化测试时较为方便。

黑盒测试的缺点有：

①不可能覆盖所有的代码，覆盖率较低，大概只能达到总代码量的 30%。

②自动化测试的复用性较低。

二、黑盒测试的测试用例设计方法

黑盒测试的测试用例设计方法主要为等价类划分法、边界值分析法、正交法、判定法、因果图法和使用场景测试用例法。

（一）等价类划分法

为了保证软件质量，需要做尽量多的测试，但不可能用所有可能的输入数据来测试程序，即穷尽测试是不可能的。可以选择一些有代表性的数据来测试程序，但怎样选择呢？等价类划分是解决该问题的一个方法。

1.等价类划分法的定义

等价类划分是把所有可能的输入数据，即程序的输入域划分成若干部分（子集），然后从每一个子集中选取少数具有代表性的数据作为测试用例。该方法是一种重要的、常用的黑盒测试用例设计方法。

2.等价类的含义

等价类是指某个输入域的子集合。在该子集合中，各个输入数据对于揭露程序中的错误都是等效的。做出合理的假定：测试某等价类的代表值就等于对这一类其他值的测试。因此，可以把全部输入数据合理划分为若干等价类，在每一个等价类中取一个数据作为测试的输入条件，就可以用少量代表性的测试数据，取得较好的测试结果。等价类划分可有两种不同的情况：有效等价类和无效等价类。

（1）有效等价类

是指对于程序的规格说明来说是合理的，有意义地输入数据构成的集合。利用有效等价类可检验程序是否实现了规格说明中所规定的功能和性能。

（2）无效等价类

与有效等价类的定义恰恰相反。

设计测试用例时，要同时考虑这两种等价类。因为，软件不仅要能接收合理的数据，也要能经受意外的考验。这样的测试才能确保软件具有更高的可靠性。

3.划分等价类的规则

如果输入条件规定了取值范围，可定义一个有效等价类和两个无效等价类。

例如，输入值是学生成绩，范围是 0～100，则

有效等价类为：0≤成绩≤100；

无效等价类为：①成绩＜0；②成绩＞100。

如果规定了输入数据的个数，则类似地可以划分出一个有效等价类和两个无效等价类。

例如，一个学生每学期只能选修 1～3 门课，则

有效等价类为：选修 1～3 门；

无效等价类为：①不选；②选修超过 3 门。

如规定了输入数据的一组值，且程序对不同输入值做不同处理，则每个允许的输入值是一个有效等价类，并有一个无效等价类（所有不允许的输入值的集合）。

例如，输入条件说明学历可为：专科、本科、硕士、博士四种之一，则

有效等价类为：①专科；②本科；③硕士；④博士；

无效等价类为：其他任何学历。

如果规定了输入数据必须遵循的规则，可确定一个有效等价类（符合规则）和若干个无效等价类（从不同角度违反规则）。

例如，校内电话号码拨外线为 9 开头，则

有效等价类：9+外线号码；

无效等价类：①非 9 开头+外线号码；②9+非外线号码……

4.等价类划分法测试用例设计

①对每个输入或外部条件进行等价类划分，形成等价类表，为每一个等价类规定一个唯一的编号。

②设计一测试用例，使其尽可能多地覆盖尚未覆盖的有效等价类，重复这一步骤，直到所有有效等价类均被测试用例所覆盖。

③设计一新测试用例，使其只覆盖一个无效等价类，重复这一步骤直到所有无效等价类均被覆盖。

（二）边界值分析法

由长期的测试工作经验可知，大量的错误是发生在输入或输出范围的边界上，而不是发生在输入输出范围的内部。因此，针对各种边界情况设计测试用例，可以查出更多的错误。

1.边界值分析方法的理论知识

定义：边界值分析法就是对输入或输出的边界值进行测试的一种黑盒测试方法。通常，边界值分析法是作为对等价类划分法的补充，这种情况下，其测试用例来自等价类的边界。

2.与等价划分的区别

①边界值分析不是从某等价类中随便挑一个作为代表，而是使这个等价类的每个边界都要作为测试条件。

②边界值分析不仅要考虑输入条件，还要考虑输出空间产生的测试情况。

常见的边界值有：

①对 16bit 的整数而言 32 767 和-32 768 是边界。

②屏幕上光标在最左上、最右下位置。

③报表的第一行和最后一行。

④数组元素的第一个和最后一个。

⑤循环的第 0 次、第 1 次和倒数第 2 次，以及最后一次。

3.边界值分析法选择测试用例的原则

①如果输入条件规定了值的范围，则应取刚达到这个范围的边界值，以及刚超越这个范围的边界值作为测试输入数据。

例如，程序的规格说明中规定："重量在 10～50 kg 范围内的邮件，其邮费计算公式为……" 作为测试用例，应取 10 及 50，还应取 10.01，49.99，9.99 及 50.01 等。

②如果输入条件规定了值的个数，则用最大个数，最小个数，比最小个数少一，比最大个数多一的数作为测试数据。

例如，一个输入文件应包括 1～255 个记录，则测试用例可取 1 和 255，还应取 0 及 256 等。

③将规则（1）和（2）应用于输出条件，即设计测试用例使输出值达到边界值及其左右的值。

例如，某程序的规格说明要求计算出"每月保险金扣除额为 0～1165.25 元"，其测试用例可取 0.00 及 1165.24，还可取 0.01 及 1165.26 等。

再如，其程序为情报检索系统，要求每次"最少显示 1 条，最多显示 4 条情报摘要"，这时应考虑的测试用例包括 1 和 4，还应包括 0 和 5 等。

④如果程序的规格说明给出的输入域或输出域是有序集合，则应选取集合的第一个元素和最后一个元素作为测试用例。

⑤如果程序中使用了一个内部数据结构，则应当选择这个内部数据结构的边界上的值作为测试用例。

（三）因果图方法

前面介绍的等价类划分方法和边界值分析方法，都是着重考虑输入条件，但未考虑输入条件之间的联系以及相互组合等。考虑输入条件之间的相互组合，可能会产生一些新的情况。但要检查输入条件的组合不是一件容易的事情，即使把所有输入条件划分成等价类，它们之间的组合情况也相当多。因此，必须考虑采用一种适合于描述多种条件的组合，相应产生多个动作的形式来考虑设计测试用例，这就需要利用因果图（逻辑模型）。因果图方法最终生成的就是判定表，它适合于检查程序输入条件的各种组合情况。

1.因果图介绍

因果图中使用了简单的逻辑符号，以直线连接左右结点。左结点表示输入状态（或称原因），右结点表示输出状态（或称结果）。

ci 表示原因，通常置于图的左部；ei 表示结果，通常置于图的右部。ci 和 ei 均可取值 0 或 1，0 表示某状态不出现，1 表示某状态出现。

（1）因果图概念——关系

4 种符号分别表示了规格说明中 4 种因果关系。

（2）因果图概念——约束

输入状态相互之间还可能存在某些依赖关系，称为约束。例如，某些输入条件不可能同时出现。输出状态之间也往往存在约束。在因果图中，用特定的符号标明这些约束。

（3）输出条件约束类型

输出条件的约束只有 M 约束（强制）：若结果 a 是 1，则结果 b 强制为 0。

2.利用因果图生成测试用例的步骤

①分析软件规格说明描述中，哪些是原因（即输入条件或输入条件的等价类），哪些是结果（即输出条件），并给每个原因和结果赋予一个标识符。

②分析软件规格说明描述中的语义。找出原因与结果之间，原因与原因之间对应的关系。根据这些关系画出因果图。

③由于语法或环境限制，有些原因与原因之间，原因与结果之间的组合情况不可能出现。为表明这些特殊情况，在因果图上用一些记号表明约束或限制条件。

④把因果图转换为判定表。

3.因果图法举例——错误推测法

（1）错误推测法的定义

错误推测法基于经验和直觉推测程序中所有可能存在的各种错误，从而有针对性地设计测试用例的方法。

（2）错误推测方法的基本思想

错误推测方法的基本思想是列举出程序中所有可能有的错误和容易发生错误的特殊情况，根据它们选择测试用例。

例如，输入数据和输出数据为0的情况，或输入表格为空格或输入表格只有一行。这些都是容易发生错误的情况，可选择这些情况下的例子作为测试用例。

再如，测试一个对线性表（比如数组）进行排序的程序，可推测列出以下几项需要特别测试的情况：

输入的线性表为空表；

表中只含有一个元素；

输入表中所有元素已排好序；

输入表已按逆序排好；

输入表中部分或全部元素相同。

（四）功能图分析方法

功能图方法是用功能图FD形式化地表示程序的功能说明，并机械地生成功能图的测试用例。功能图模型由状态迁移图和逻辑功能模型构成，状态迁移图用于表示输入数据序列以及相应的输出数据，在状态迁移图中，由输入数据和当前状态决定输出数据和后续状态。

1.功能图模型

功能图模型是由状态图和逻辑功能模型构成的，状态图用于表示输入数据序列以及相应的输出数据，逻辑功能用于表示状态中输入条件与输出条件之间的对应关系。

2.测试用例生成方法

从功能图生成测试用例，得到的测试用例数是可接受的。问题的关键的是如何从状态迁移图中选取测试用例，若用节点代替状态，用弧线代替迁移，则状态迁移图就可转化成一个程序的控制流程图形式。这样问题就转化为程序的路径测试问题（如白盒测试）了。

3.测试用例生成规则

为了把状态迁移（测试路径）的测试用例与逻辑模型（局部测试用例）的测试用例组合起来，从功能图生成实用的测试用例，须定义下面的规则：在一个结构化的状态迁移（SST）中，定义三种形式的循环：顺序、选择和重复。但分辨一个状态迁移中的所有循环是有困难的。

4.从功能图生成测试用例的步骤

（1）生成局部测试用例

在每个状态中，从因果图生成局部测试用例。局部测试用例由原因值（输入数据）组合与对应的结果值（输出数据或状态）构成。

（2）测试路径生成

利用上面的规则（三种）生成从初始状态到最后状态的测试路径。

（3）测试用例合成

合成测试路径与功能图中每个状态中的局部测试用例。结果是初始状态到最后状态的一个状态序列，以及每个状态中输入数据与对应输出数据的组合。

（五）场景法

软件几乎都是用事件触发来控制流程的，事件触发时的情景便形成了场景。这种在软件设计方面的思想也可以引入软件测试中，可以比较生动地描绘出事件触发时的情景，有利于测试设计者设计测试用例，同时使测试用例更容易理解和执行。

1.基本流和备选流分析

（1）ATM“提款”用例：基本流

本用例的开端是 ATM 处于准备就绪状态，步骤如下：

①准备提款。客户将银行卡插入 ATM 机的读卡机。

②验证银行卡。ATM 机从银行卡的磁条中读取账户代码，并检查它是否属于可以

接收的银行卡。

③输入 PIN-ATM。要求客户输入 PIN 码（4 位）。

④验证账户代码和 PIN。验证账户代码和 PIN 以确定该账户是否有效以及所输入的 PIN 对该账户来说是否正确。对于此事件流，账户是有效的，而且 PIN 对此账户来说正确无误。

⑤ATM 选项。ATM 显示在本机上可用的各种选项。在此事件流中，银行客户通常选择“提款”。

⑥输入金额。输入要从 ATM 中提取的金额。对于此事件流，客户需选择预设的金额（10 元、20 元、50 元或 100 元）。

⑦授权。ATM 通过将卡 ID、PIN、金额以及账户信息作为一笔交易发送给银行系统来启动验证过程。对于此事件流，银行系统处于联机状态，而且对授权请求给予答复，批准完成提款过程，并且据此更新账户余额。

⑧出钞。提供现金。

⑨返回银行卡。银行卡被返还。

⑩收据。打印收据并提供给客户。ATM 还会相应地更新内部记录。

用例结束时 ATM 又回到准备就绪状态。

（2）ATM“提款”用例：备选流

备选流 1：银行卡无效。

在基本流步骤②中（验证银行卡），如果卡是无效的，则卡被退回，同时会通知相关消息。

备选流 2：ATM 内没有现金。

在基本流步骤⑤中（ATM 选项），如果 ATM 内没有现金，则“提款”选项将无法使用。

备选流 3：ATM 内现金不足。

在基本流步骤⑥中（输入金额），如果 ATM 机内金额少于请求提取的金额，则将显示一则适当的消息，并且在步骤⑥输入金额处重新加入基本流。

备选流 4：PIN 有误。

在基本流步骤④中（验证账户和 PIN），客户有三次机会输入 PIN。如果 PIN 输入有误，ATM 将显示适当的消息；如果还存在输入机会，则此事件流在步骤③输入 PIN 处重新加入基本流。如果最后一次尝试输入的 PIN 码仍然错误，则该卡将被 ATM 机保留，同时 ATM 返回到准备就绪状态，本用例终止。

备选流 5：账户不存在。

在基本流步骤④中（验证账户和 PIN），如果银行系统返回的代码表明找不到该账户或禁止从该账户中提款，则 ATM 显示适当的消息并且在步骤⑨返回银行卡处重新加入基本流。

备选流 6：账面金额不足。

在基本流步骤⑦中（授权），银行系统返回代码表明账户余额少于在基本流步骤⑥输入金额内输入的金额，则 ATM 显示适当的消息并且在步骤⑥输入金额处重新加入基本流。

备选流 7：达到每日最大的提款金额。

在基本流步骤⑦中（授权），银行系统返回的代码表明包括本提款请求在内，客户已经或将超过在 24 小时内允许提取的最多金额，ATM 显示适当的消息并在步骤⑥输入金额上重新加入基本流。

备选流 8：记录错误。

如果在基本流步骤⑩中（收据），记录无法更新，则 ATM 进入“安全模式”，在此模式下所有功能都将暂停使用。同时，向银行系统发送一条适当的警报信息表明 ATM 已经暂停工作。

备选流 9：退出客户可随时决定终止交易（退出）。

交易终止，银行卡随之退出。

备选流 10：“翘起”。

ATM 包含大量的传感器，用以监控各种功能，如电源检测器、不同的门和出入口处的测压器以及动作检测器等。在任一时刻，如果某个传感器被激活，则警报信号将发送给警方而且 ATM 进入“安全模式”，在此模式下所有功能都暂停使用，直到采取适当的重启/重新初始化的措施。

2.ATM 各种场景分析

“提款”用例场景：

场景 1：成功的提款；基本流。

场景 2：ATM 内没有现金；基本流，备选流 2。

场景 3：ATM 内现金不足；基本流，备选流 3。

场景 4：PIN 有误（还有输入机会）；基本流，备选流 4。

场景 5：PIN 有误（不再有输入机会）；基本流，备选流 4。

场景 6：账户不存在/账户类型有误；基本流，备选流 5。

场景 7：账户余额不足；基本流，备选流 6。

第九章　软件测试实用技术

第一节　单元测试

一、单元测试的内容

单元测试是针对程序模块进行正确性检验的测试，其目的在于发现各模块内部可能存在的各种差错。单元测试需要从程序的内部结构出发设计测试用例，多个模块可以平行地独立进行单元测试。

1.模块接口测试

对通过被测模块的数据流进行测试。为此，对模块接口，包括参数表、调用子模块的参数、全程数据、文件输入/输出操作都必须进行检查。

2.局部数据结构测试

设计测试用例检查数据类型说明、初始化、缺省值等方面的问题，还要查清全局数据对模块的影响。

3.路径测试

选择适当的测试用例，对模块中重要的执行路径进行测试。对基本执行路径和循环进行测试可以发现大量的路径错误。

4.错误处理测试

检查模块的错误处理功能是否包含有错误或缺陷。例如，是否拒绝不合理的输入；出错的描述是否难以理解；是否对错误定位有误；是否出错原因报告有误；是否对错误条件的处理不正确；在对错误处理之前错误条件是否已经引起系统的干预等。

5.边界测试

要特别注意数据流、控制流中刚好等于、大于或小于确定的比较值时出错的可能性。对这些地方要仔细地选择测试用例，认真加以测试。

此外，如果对模块运行时间有要求，还要专门进行关键路径测试，以确定最坏情况下和平均意义下影响模块运行时间的因素。这类信息对进行性能评价是十分有用的。

二、单元测试的测试方法

在单元测试阶段，应使用白盒测试方法和黑盒测试方法对被测单元进行测试，其中以使用白盒方法为主。

在单元测试阶段以使用白盒测试方法为主，是指在单元测试阶段，白盒测试消耗的时间、人力、物力等成本一般会大于黑盒测试的成本。

三、单元测试过程

单元测试的实施应遵循一定的步骤，力争做到有计划、可重用。单元测试的步骤如下：

①计划单元测试；

②设计单元测试；

③实现单元测试；

④执行单元测试；

⑤单元测试结果分析并提交测试报告。

（一）计划单元测试

计划单元测试的主要任务是依据测试策略和相关文档，例如《软件需求分析说明书》《软件设计说明书》《项目计划书》等确定单元测试目的，识别单元测试需求，安排测试进度，规划测试资源，制订测试开始和结束准则，说明回归测试方法和缺陷跟踪过程并使用合适的模板将这些内容编写到《软件单元测试计划》文档中。

（二）设计单元测试

设计单元测试的主要任务是根据各项测试需求确定单元测试方案，包括：

①测试所依据的标准和文档；

②测试使用的方法，例如白盒、黑盒或其他；

③缺陷属性的说明；

④结论的约定等。

如果需要编写测试代码或测试工具还需准备测试代码与工具的设计描述。

（三）实现单元测试

实现单元测试的主要任务是依据规范开发单元测试用例并确保满足测试需求。测试用例可以是手工测试用例，也可以是自动化测试脚本。

（四）执行单元测试

执行单元测试的主要任务是搭建测试环境，运行测试用例以发现被测单元中的缺陷，当发现缺陷后提交缺陷问题报告单并在缺陷修复后对缺陷的修正进行验证。

（五）提供单元测试报告

对测试过程进行总结，提供相关测试数据说明和缺陷说明，评价被测对象并给出改进意见，输出《软件单元测试报告》。

单元测试中还有一些辅助性但也非常重要的活动：

①进行需求跟踪以验证分配到该软件单元的需求是否已完全实现；

②跟踪和解决单元测试缺陷；

③更新用户文档；

④阶段评审；

⑤单元过程资产基线；

⑥编写任务总结报告等。

四、单元测试活动

（一）角色和职责

单元测试通常由单元的开发者承担，开发人员需要在单元测试阶段负责完成单元测试计划、方案和报告。在单元测试过程中还可能涉及的主要角色包括：

①系统分析设计人员：保证需求的变更并进行软件单元可测性分析，确定单元测试的对象、范围和方法。

②软件测试工程师：负责参与单元测试类文档的评审，对单元测试计划、设计和执行质量进行监控，根据实际情况，可选择参与由开发人员负责的代码评审、单元测试等活动。

③配置管理人员：对代码及单元测试文档进行配置管理。

④质量保证人员：对单元测试过程进行审计。

（二）单元测试计划

单元测试计划指明了单元测试的过程，明确此次单元测试的目的。单元测试计划内容包括：

①测试目的；

②测试方法；

③测试范围；

④测试交付件；

⑤测试过程准则；

⑥工作任务分布；

⑦测试进度；

⑧测试资源；

⑨测试用例结构及其用例；

⑩测试结论约定。

（三）测试方法

根据项目要求和被测单元特征，指明在本次单元测试中所采用的查找缺陷的技术，例如常规的白盒测试、黑盒测试、自动化测试或者复用类似的测试等。

（四）测试范围

测试范围是明确此次单元测试“做什么”和“不做什么”，依据项目安排测试哪些单元，每个单元需要测试哪些内容。按照常规观点，围绕单元的设计功能，单元测试常需要包括单元的接口测试、局部数据结构测试、边界条件测试、所有独立执行通路测试和各条错误处理测试等几大方面。

1.单元接口测试

单元接口测试是单元测试的基础，主要检查：

①进出单元的数据是否正确；

②实际的输入与定义的输入是否一致，包括个数、类型、顺序；

③对于非内部/局部变量是否合理使用；

④使用其他模块时，是否检查可用性和处理结果；

⑤使用外部资源时，是否检查可用性及时释放资源，包括内存、文件和端口等。

2.局部数据结构测试

局部数据结构测试主要检查：

①局部数据结构能否保持完整；

②变量从来没有被使用，包括可能别的地方使用了错误的变量名；

③变量没有初始化；

④错误的类型转换；

⑤数组越界；

⑥非法指针；

⑦变量或函数名称拼写错误，包括使用了外部变量或函数。

3.单元独立执行路径测试

单元独立执行路径测试主要检查

①由于计算错误、判断错误、控制流错误导致的代码缺陷；

②死代码；

③错误的计算优先级；

④精度错误，包括比较运算错误、赋值错误；

⑤表达式的不正确符号；

⑥循环变量的使用错误，包括错误赋值。

4.单元内部错误处理测试

单元内部错误处理测试主要检查：

①内部错误处理设施是否有效；

②是否检查错误出现，包括资源使用前后、其他模块使用前后；

③出现错误是否进行处理，包括抛出错误、通知用户、进行记录；

④错误处理是否有效，包括在系统干预前处理、报告和记录的错误都应真实详细。

5.边界条件测试

边界条件测试主要检查：

①临界数据是否正确处理；

②普通合法数据是否正确处理；

③普通非法数据是否正确处理；

④边界内最接近边界的合法数据是否正确处理；

⑤边界内最接近边界的非法数据是否正确处理。

6.其他方面的测试

其他方面的测试主要包括：

①单元的运行时的特征；

②内存分配；

③动态绑定；

④运行时类型信息；

⑤被测单元性能；

⑥可维护性。

五、测试过程准则

测试过程准则定义了单元测试在什么条件下开始、结束、挂起以及恢复，即满足什么条件可以开始单元测试（单元测试的入口准则）；满足什么条件单元测试可以结束（单元测试的停止准则）；出现哪些情况单元测试可以挂起（单元测试的受阻准则）；满足了哪些条件便可以恢复被挂起的单元测试（单元测试的恢复准则）。测试过程应重点考虑以下几个方面：

1.工作任务分解（WBS）

明确此次单元测试任务的分解情况及各个单项之间的关系。

2.测试进度

依据估计的单元测试工作量，基于任务分解情况和可用资源情况，制订每项任务开始和结束的时间点。

3.测试资源

为了进行此次单元测试所需的人力资源（包括角色及其职责）、环境资源、工具等相关资源。

4.测试结论约定

描述了为了达成共识，针对某些项而制订的统一标准，例如测试用例优先级、缺陷严重级别定义、缺陷优先级等。

六、单元测试用例设计

单元测试用例设计要综合运用多种测试用例设计方法，包括白盒测试和黑盒测试，从正向、反向对被测单元进行较为彻底的测试以说明单元功能达到预期设计的目的。

首先需要设计一些测试用例说明单元基本可用。接着需要从正向、反向并结合单元的特点对单元的设计功能进行彻底的测试。在这个结果的基础上，如果设计的测试用例没有达到单元测试的覆盖要求，还需要为此补充相关测试用例。最后，需要设计测试用例关注被测单元的数据持久性、通信问题、多线程特性、内存使用情况、性能、表现层等方面是否达到设计要求。

七、单元测试执行

（一）搭建单元测试环境

通常单元测试在编码阶段进行。在源程序代码编制完成，经过评审和验证，确认没有语法错误之后，就开始进行单元测试的测试用例设计。利用设计文档，设计可以验证程序功能、找出程序错误的多个测试用例。对于每一组输入，应有预期的正确结果。

模块并不是一个独立的程序，在考虑测试模块时，同时要考虑它和外界的联系，用一些辅助模块去模拟与被测模块相联系的其他模块。这些辅助模块分为两种：

（1）驱动模块

相当于被测模块的主程序。它接收测试数据，把这些数据传送给被测模块，最后输出实测结果。

（2）桩模块

用以代替被测模块调用的子模块（也就是说被测模块有时需要一些子模块的支持，才能进行测试，这时使用桩模块代替来进行，比如网络游戏中的机器人产生程序）。桩模块可以做少量的数据操作，不需要把子模块所有功能都带进来，但也不允许什么事情都不做。

被测模块、与它相关的驱动模块及桩模块共同构成了一个“测试环境”。

如果一个模块要完成多种功能，且以程序包或对象类的形式出现，例如，Ada 中的包、Modula 中的模块、C++中的类，这时可以将这个模块看成由几个小程序组成。对其中的每个小程序先进行单元测试，对关键模块还要做性能测试。对支持某些标准规程的程序，更要着手进行互联测试。有人把这种特殊情况的测试称为模块测试，以区别单元测试。

由于驱动模块是模拟主程序或者调用模块的功能，处于被测试模块的上层，所以驱动模块只需要模拟向被测模块传递数据，接收、打印从被测模块返回的数据的功能，较容易实现。而桩模块用于模拟那些由被测模块所调用的下属模块的功能，由于下属模块往往不止一个，也不仅一层，由于模块接口的复杂性，桩模块很难模拟各下层模块之间的调用关系，同时为了模拟下层模块的不同功能，需要编写多个桩模块，而这些桩模块所模拟的功能是否正确，也很难进行验证。所以，驱动模块的设计要比桩模块容易多。

驱动模块和桩模块都是额外开销，这两种模块虽然在单元测试中必须实现，但却不作为最终的软件产品提供给用户。如果驱动模块和桩模块很简单，那么开销相对较低。然而，使用“简单”的模块是不可能进行足够的单元测试的，模块间接口的全面检查会推迟到集成测试时进行。

（二）单元测试用例设计

1.模块接口测试

对通过被测模块的数据流进行测试，检查进出模块的数据是否正确。检查项如下：

①输入的实际参数与形式参数是否一致（个数、属性、量纲）；

②调用其他模块的实际参数与被调模块的形式参数是否一致（个数、属性、量纲）；

③全程变量的定义在各模块是否一致；

④外部输入、输出（文件、缓冲区、错误处理）；

⑤其他。

2.模块局部数据结构测试

检查局部数据结构能否保持完整性。检查项如下：

①不正确或不一致的数据类型说明；

②变量没有初始化；

③变量名拼写错或书写错；

④数组越界；

⑤非法指针；

⑥全局数据对模块的影响。

3.模块边界条件测试

检查临界数据是否正确处理。检查项如下：

①普通合法数据是否正确处理；

②普通非法数据是否正确处理；

③边界内最接近边界的（合法）数据是否正确处理；

④边界外最接近边界的（非法）数据是否正确处理。

4.模块独立执行路径测试

对模块中重要的执行路径进行测试。检查由于计算错误、判定错误、控制流错误导致的程序错误。检查项如下：

①运算符优先级；

②混合类型运算；

③精度；

④表达式符号；

⑤循环条件，死循环；

⑥其他。

5.模块内部错误处理测试

检查内部错误处理措施是否有效。检查项如下：

①是否检查错误出现；

②出现错误，是否进行错误处理（抛出错误、通知用户、进行记录）；

③错误处理是否有效；

④输出的出错信息难以理解；

⑤记录的错误与实际不相符；

⑥异常处理不当；

⑦未提供足够的定位出错的信息；

⑧其他。

（三）单元测试策略

单元测试主要有三种策略：自顶向下的单元测试；自底向上的单元测试；孤立单元测试。

1.自顶向下的单元测试

方法：先对最顶层的基本单元进行测试，把所有调用的单元做成桩模块。然后再对第二层的基本单元进行测试，使用上面已测试的单元作为驱动模块。依此类推直到测试完所有基本单元。

优点：在集成测试前提供早期的集成途径；在执行上和详细设计的顺序一致；不需要开发驱动模块。

缺点：随着测试的进行，测试过程越来越复杂，开发和维护成本越来越高。

总结：比孤立单元测试的成本高很多，不是单元测试的一个好的选择。

2.自底向上的单元测试

方法：先对最底层的基本单元进行测试，模拟调用该单元的单元作为驱动模块。然后再对上面一层进行测试，用下面已被测试过的单元作为桩模块。依此类推，直到测试完所有单元。

优点：在集成测试前提供系统早期的集成途径；不需要开发桩模块。

缺点：随着测试的进行，测试过程越来越复杂。

总结：比较合理的单元测试策略，但测试周期较长。

3.孤立单元测试

方法：不考虑每个单元与其他单元之间的关系，为每个单元设计桩模块或驱动模块。每个模块进行独立的单元测试。

优点：简单、容易操作，可达到高的结构覆盖率。

缺点：不提供一种系统早期的集成途径。

总结：最好的单元测试策略。

（四）执行单元测试

1. 执行单元测试的方法

单元测试可以完全手工执行，也可以借助工具执行或者使用两者的结合。

2.单元测试中的缺陷跟踪

缺陷一定要记录；一般采用简化流程。

（五）单元测试常用工具简介

单元测试常用工具分为静态测试工具（静态分析工具）和动态测试工具，包括 JUnit Framework，IBM Rational Purecoverage，IBM Rational Purify，IBM Rational Quantify 等。

八、单元测试报告

单元测试报告总结了整个单元测试过程并可提供有利于过程改进的信息，如：

计划的测试用例数；修改的测试用例数；删除的测试用例数；实际执行的测试用例

数；未测用例数量和未测原因；发现的严重缺陷数量；挂起缺陷数量；评估测试单元；改进建议。

单元测试的文档包括：

①《软件需求规格说明书》《软件详细设计说明书》。

②《单元测试计划》《软件详细设计说明书》→《单元测试用例》。

③《单元测试用例》文档及《软件需求规格说明书》《软件详细设计说明书》→《缺陷跟踪报告》/《缺陷检查表》。

④《单元测试用例》《缺陷跟踪报告》《缺陷检查表》→《单元测试检查表》。

⑤评估→《单元测试报告》。

第二节 集成测试

一、集成测试概述

（一）集成测试的概念

集成测试又称“组装测试”“联合测试”。集成测试遵循特定的策略和步骤将已经通过单元测试的各个软件单元（或模块）逐步组合在一起进行测试，以期望通过测试发现各软件单元接口之间存在的问题。

（二）集成测试的对象

理论上凡是两个单元（如函数单元）的组合测试都可以叫作集成测试。实际操作中，通常集成测试的对象为模块级的集成和子系统间的集成，其中子系统集成测试称为组件测试。

（三）集成测试的作用

集成测试在单元测试和系统测试间起到承上启下的作用，其既能发现大量单元测试阶段不易发现的接口类错误，又可以保证在进入系统测试前及早发现错误，减少损失，对系统而言，接口错误是最常见的错误；单元测试通常是单人执行，而集成测试通常是多人执行或第三方执行；集成测试通过模块间的交互作用和不同人的理解和交流，更容易发现实现上、理解上的不一致和差错。

二、集成测试的内容和方法

在设计体系结构的时候开始制订测试方案；在进入详细设计之前完成集成测试方案；在进入系统测试之前结束集成测试。

集成测试可以在开发部进行，也可以由独立的测试部执行。开发部尽量进行完整的集成测试，测试部有选择地进行集成测试。

三、集成测试原则

集成测试应遵循下列原则：

①集成测试是产品研发中的重要工作，需要为其分配足够的资源和时间。

②集成测试需要经过严密的计划，并严格按计划执行。

③应采取增量式的分步集成方式，逐步进行软件部件的集成和测试。

④应重视测试自动化技术的引入与应用，不断提高集成测试效率。

⑤应该注意测试用例的积累和管理，方便进行回归并进行测试用例补充。

四、集成测试内容

集成测试包含下列内容：

①穿越接口的数据是否会丢失；

②一个模块的功能是否会对另一个模块的功能产生不利影响；

③实现子功能的模块组合起来是否能够达到预期的总体功能；

④全局数据结构的测试；

⑤共享资源访问的测试；

⑥单个模块的误差经过集成的累加效应。

（一）集成功能测试

集成功能测试主要关注集成单元实现的功能以及集成后的功能，考察多个模块间的协作，既要满足集成后实现的复杂功能，也不能衍生出不需要的多余功能（错误功能）。

主要关注如下内容：

①被测对象的各项功能是否实现。

②异常情况是否有相关的错误处理。

③模块间的协作是否高效合理。

（二）接口测试

模块间的接口包括函数接口和消息接口。

对函数接口的测试，应关注函数接口参数的类型和个数的一致性、输入/输出属性的一致性、范围的一致性。

对消息接口的测试，应关注收发双方对消息参数的定义是否一致，消息和消息队列长度是否满足设计要求，消息的完整性如何，消息的内存是否在发送过程中被非法释放，有无对消息队列阻塞进行处理等。

（三）全局数据结构测试

全局数据结构往往存在被非法修改的隐患，因此对全局数据结构的测试主要关注以下几个角度：

①全局数据结构的值在两次被访问的间隔是可预知的。

②全局数据结构的各个数据段的内存不应被错误释放。

③多个全局数据结构间是否存在缓存越界。

④多个软件单元对全局数据结构的访问应采用锁保护机制。

（四）资源测试

资源测试包括共享资源测试和资源极限测试。共享资源测试常应用于数据库测试和支撑的测试。共享资源测试需关注：

①是否存在死锁现象。

②是否存在过度利用情况。

③是否存在对共享资源的破坏性操作。

④公共资源访问锁机制是否完善。

资源极限测试关注系统资源的极限使用情况以及软件对资源耗尽时的处理，保证软件系统在资源耗尽的情况下不会出现系统崩溃。

（五）性能和稳定性测试

1.性能测试

性能测试检测某个部件的性能指标，及时发现性能瓶颈。多任务环境中，还需测试任务优先级的合理性，这时需考虑以下因素：

①实时性要求高的功能是否在高优先级任务中完成；

②任务优先级设计是否满足用户操作相应时间要求。

2.稳定性测试

稳定性测试需要考虑以下因素：

①是否存在内存泄漏而导致长期运行资源耗竭；

②长期运行后是否出现性能的明显下降；

③长期运行是否出现任务挂起。

五、集成测试方法

1.非递增式集成测试

非递增式集成测试即所有软件模块通过单元测试后进行一次集成。

优点：测试过程中基本不需要设计开发测试工具。

不足：对于复杂系统，当出现问题时故障定位困难，和系统测试接近，难以体现和发挥集成测试的优势。

2.递增式集成测试

递增式集成测试就是逐渐集成，由小到大，边集成边测试，测完一部分，再连接一部分。在复杂系统中，划分的软件单元较多，通常是不会一次集成的。软件集成的精细度取决于集成策略。通常的做法是先进行模块间的集成，再进行部件间的集成。

优点：测试层次清晰，出现问题能够快速定位。

缺点：需要开发测试驱动和桩。

六、集成测试过程

集成测试包括以下几个过程。

1.集成测试计划（策略、方案、进度计划）

集成测试计划内容包括：集成测试策略制订，集成方法、内容、范围、通过准则，工具考虑，复用分析，基于项目人力、设备、技术、市场要求等各方面决策，集成测试进度计划，工作量估算、资源需求、进度安排、风险分析和应对措施，集成测试方案编制，接口分析、测试项、测试特性分析，体现测试策略，确定集成内容的方法，考虑集成的层次，考虑软件的层次，考虑软件的复杂度和重要性，权衡投入和产出。

2.集成测试设计和开发（测试规程、测试工具开发）

集成测试设计和开发的内容包括：测试规程/测试用例的设计和开发；确定测试步骤、测试数据设计；测试工具、测试驱动和桩的开发。

3.集成测试执行（构造环境、运行）

集成测试执行的内容包括：搭建测试环境；运行测试；确定测试结果，处理测试过程中的异常；集成测试评估。

4.执行阶段的度量

执行阶段的度量的内容包括：集成测试对象的数量；运行的用例数量；通过/失败的用例数量；发现的缺陷数量；遗留的缺陷数量；集成测试执行的工作量。

5.评估测试结果

评估测试结果的内容包括：按照集成测试报告模块出具集成测试报告；对集成测试报告进行评审；将所有测试相关工作产品纳入配置管理。

七、集成测试举例

1.需求描述

被测试段代码实现的功能是：如果 a＞b，则返回 a；否则返回 a/b。

被测试段代码由两个函数实现，分别是：

divide 函数实现 a/b 功能，max 函数实现其他对应功能，并进行结果输出。

2.集成测试操作步骤

①确定集成测试策略：采用自底向上的测试策略。

②确定集成测试粒度：函数。

③选定测试用例设计方法：等价类划分、边界值分析等。

④编写测试用例。因为测试策略是自底向上的，所以先测试 divide（int*a，int*b）函数。

⑤构造驱动（其中 m 和 n 是测试用例输入）。

⑥依次执行测试用例，完成测试。

⑦发现并跟踪处理 Bug。

思考：本例子中的程序都存在什么缺陷？

程序存在的缺陷：

①没有对 b 不能为 0 的情况进行限制；

②当字符串 msg 的长度加上 a 整数的位数超过 20 时，会使 dsp 数组溢出；

③当 msg 的值（指针的值）为 NULL 时，sprintf 函数将出现问题。

八、集成测试经验

①集成测试活动必须纳入项目计划，并安排相应工作量。

②集成测试之前必须先做单元测试，而且单元测试对覆盖率应该有较高的要求。

③做好集成测试，良好的组织非常重要，需要指定一个好的集成测试组织者。

④集成测试需要及早考虑自动测试工具的开发。

第三节　性能测试技术

对于软件系统来说，仅仅从功能上满足用户的需求是不足够的，还需要满足用户对软件性能的需求。对于一些实时系统、嵌入式系统和在线服务系统来说尤为重要。进行性能测试目的就是验证软件系统是否能够达到用户提出的性能指标，同时发现软件系统中存在的性能瓶颈，最后起到优化系统的目的。

一、性能测试技术概述

在理解性能测试概念之前，有必要首先理解软件性能的概念。一般而言，性能是衡量特定产品好坏的一类指标。而软件的性能是软件的一种非功能特性，它关注的不是软件是否能够完成特定的功能，而是在完成该功能时展示出来的及时性。由于感受软件性能的主体是人，对于他们来说，衡量软件性能有下列指标：系统响应时间、应用延迟时间、吞吐量、资源利用率等。因此，性能测试也将针对这些指标进行测试。

（一）性能测试的概念

软件性能测试是一个相对很大的概念，对一个软件系统来说，性能测试是描述测试对象与性能相关的特征并对其进行评价而实施的一类测试，主要是通过模拟多种正常、峰值以及异常负载条件对系统的各项性能指标进行测试。该测试主要是用来保证软件系统运行后能满足用户对软件性能的各项需求，因此对于保证软件质量起着重要作用。

（二）性能测试的目的

对于一个软件项目来说，如果验收时才考虑到性能测试，这无疑会增大软件失败的风险。特别是对于一个 Web 应用程序，要考虑到用程序处理大量用户和数据的需要。在开发早期及早对性能进行评估是非常必要的，性能测试的目的可以概括为下面几方面：

1.评估系统的能力

测试中得到的负荷和响应时间数据可被用于验证所设计的模型的能力，并帮助做出决策。

2.识别体系中的弱点

受控的负荷被增加到一个极端水平，并突破它，从而修复体系的瓶颈或薄弱的地方。所谓“瓶颈”这里是指应用系统中导致系统性能大幅下降的因素。

3.系统调优

重复运行测试，验证调整系统的活动得到了预期的结果，从而改进性能。检测软件中的问题，长时间的测试执行可导致程序发生由于内存泄漏而引起的失败，揭示程序中的隐含问题或冲突。

4.验证稳定性可靠性

在一个生产负荷下执行测试一定的时间是评估系统稳定性和可靠性是否满足要求的唯一方法。

（三）性能测试的常用术语

从事软件性能测试的工作，经常会听到一些常用术语。对这些术语的深刻理解将有助于测试者制订测试方案、设计测试用例以及准确地编写性能测试报告。

1.响应时间

响应时间也称为等待时间，从用户观点来看，它是从一个请求的发出到客户端收到服务器响应所经历的时间延迟。它通常以时间单位来衡量，如秒或毫秒。

一般而言，等待时间与尚未利用的系统容量成反比。它随着低程度用户负载的增加而缓慢增加，但一旦系统的某一种或某几种资源被耗尽，等待时间就会快速地增加。

2.吞吐量

吞吐量是指在某一个特定的时间单位内，系统所处理的用户请求数目。常用的单位是请求数/秒或页面数/秒。从市场观点来看，吞吐量可以用每天的访问者数或每天页面的浏览次数来衡量。

作为一个最有用的性能指标，Web应用的吞吐量常常在设计、开发和发布整个周期中的不同阶段进行测量和分析。比如在能力计划阶段，吞吐量是确定Web站点的硬件和系统需求的关键参数。此外，吞吐量在识别性能瓶颈和改进应用和系统性能方面也扮演着重要角色。不管Web平台是使用单个服务器还是多个服务器，吞吐量统计都表明了系统对不同用户负载水平所反映出来的相似特征。

3.资源利用率

资源利用率是指系统不同资源的使用程度，比如服务器的CPU、内存、网络带宽等。它常常用所占资源的最大可用量的百分比来衡量。

4.并发用户数目

并发用户数目是指在某一给定时间段内，在某个特定站点上进行公开会话的用户数目。每秒的会话数目表示每秒钟到达并访问网站的用户数目。当并发用户数目增加，系统资源利用率也将增加。

5.网络流量统计

当负载增加时，还应该监视网络流量统计以确定合适的网络带宽。典型地，如果网络带宽的使用超过了40%，那么网络的使用就达到了一个使之成为应用瓶颈的水平。

（四）性能测试的准备工作

性能测试之前的准备工作是一个经常被测试人员忽略的环节，在接到任务后，基于种种其他因素的考虑，测试人员急于追赶进度，往往立即投入具体的测试工作中，但却因为准备不充分，致使性能测试很难成功。软件项目开发有需求调查和需求分析阶段，测试也不例外。在接到测试任务后，首要的任务就是分析测试任务，在开始测试前，至少要弄清以下几个问题：

①要测试什么或测试的对象是谁？

②要测试什么问题或想要弄清楚或是论证的问题？

③哪些因素会影响测试结果？

④需要怎样的测试环境？

⑤应该怎样测试？

只有在认真调查测试需求和仔细分析测试任务后，才有可能弄清以上一系列问题。只有在对测试任务非常清楚，对测试目标极其明确的前提下，才可能制订出切实可行的测试计划。具体来说，测试之前需做好如下准备工作：

1.明确测试目标，详尽测试计划

在充分分析测试需求的基础上，制订尽可能详细的测试计划，对测试的实施是大有裨益的。

2.测试技术及工具准备

实际上，要求测试人员在短时间掌握所有的软、硬件知识是不太现实的，但平时测试人员应抓紧学习相关测试技术和测试理论。性能测试经常需要使用自动化工具进行测试，在测试计划中，应给研究测试对象和测试工具分配充足的学习时间，只有在充分掌握测试工具，完全了解测试对象的前提下，才能够有效地实施测试。

3.配置测试环境

只有在充分认识测试对象的基础上，才知道每一种测试对象需要什么样的配置，才有可能配置一种相对公平、合理的测试环境。软件系统的性能表现与非常多的因素相关，无法根据系统在一个环境上的表现去推断其在另一个不同环境中的表现，因此对这种验证性的测试，必须要求测试时的环境都已经确定。测试环境是否适合会直接影响到测试结果的真实性和正确性。测试环境包括硬件环境和软件环境，硬件环境指测试必需的服务器、客户端、网络连接设备、打印机、扫描仪等；软件环境包括被测软件运行时的操作系统、数据库及其他应用软件构成的环境。同时，还须考虑到其他因素，如网络锁、网速、显示分辨率、数据库权限、容量等对测试结果的影响。如条件允许，最好能配置几组不同的测试环境。

4.准备测试数据

在初始的测试环境中需要输入一些恰当的测试数据，目的是识别数据状态并且验证用于测试的测试案例。准备测试数据时，应尽量模拟真实环境，如杀毒软件等面向大众用户的软件，更应该考察它在真实环境中的表现。

二、性能测试的内容

性能测试在软件的质量保证中起着重要的作用，它包括的测试内容丰富多彩。目前分布式系统已经成为主流模式，针对用户关注的不同角度，可将复杂的应用系统划分为3个层面：客户层、网络层和服务器层。因此，相应地可将性能测试概括为三个方面的测试：在客户端性能的测试，在网络上性能的测试，在服务器端性能的测试。通常情况下，三个方面有效、合理地结合，可以达到对系统性能全面的分析和对瓶颈的预测。

（一）在客户端的性能测试

客户端性能测试的目的，是考察客户端应用软件的性能，测试的入口是客户端。主要内容包括并发性能测试、疲劳强度测试、大数据量测试和速度测试等，其中并发性能测试是重点。

并发性能测试的过程是一个负载测试和压力测试的过程，即逐渐增加负载，直到系统的瓶颈或者不能接收的状态，通过综合分析请求响应数据和资源监控指标，来确定系统并发性能的过程。下面对负载测试和压力测试做简单介绍。

1.负载测试

通过在被测系统上不断增加压力，直到性能指标，如“响应时间”超过预定指标或者某种资源使用已经达到饱和状态。这种测试方法可以找到系统处理的极限，为系统调优提供依据。预期性能指标描述方式：“响应时间不超过5s”或“服务器平均CPU利用率低于70%等指标”。极限描述方式如“在给定条件下最多允许200个并发用户访问”或“在给定条件下最多能够在1小时内处理3000笔业务”。

实际测试中通过“检测”→“加压”→“直到性能指标超过预期”的手段，即从比较小的负载开始，逐渐增加模拟用户的数量（增加负载），观察不同负载下应用程序响应时间、所耗资源，直到超时或关键资源耗尽，它是测试系统在不同负载情况下的性能指标。

2.压力测试

压力测试是指实际破坏一个系统以及测试系统的反映。该方法是在一定饱和状态下，如CPU、内存等在饱和使用情况下，系统能够处理的会话能力，以及系统是否会出现错误。压力测试目的是测试在一定的负载下系统长时间运行的稳定性，是测试系统的限制和故障恢复能力，也就是测试系统会不会崩溃，以及在什么情况下会崩溃。黑客常常会提供错误的数据负载，直到系统崩溃，接着当系统重新启动时获得存取权。压力测试的区域包括表单、登录和其他信息传输页面等。

概括地说，负载测试和压力测试的区别体现在：负载测试是在一定的工作负荷下，测试系统的负荷及系统响应的时间。是测试软件本身所能承受的最大负荷的性能测试；压力测试是指在一定的负荷条件下，长时间连续运行系统给系统性能造成的影响，是一种破坏性的性能测试。

疲劳强度测试是指在系统稳定运行的情况下，以一定的负载压力来长时间运行系统的测试。其主要目的是确定系统长时间处理较大业务量时的性能。通过疲劳强度测试基本可以判断系统运行一段时间后是否稳定。

大数据量测试通常是针对某些系统存储、传输、统计查询等业务而进行的测试。主要测试系统运行时数据量较大或历史数据量较大时的性能情况，这类测试一般都是针对某些特殊的核心业务或一些日常比较常用的组合业务的测试。由于大数据量测试一般在投产环境下进行，所以把它独立出来并和疲劳强度测试放在一起，在整个性能测试的后期进行。

（二）在网络上的性能测试

在网络上的性能测试重点是利用自动化技术进行网络应用性能监控、网络应用性能分析和网络预测。

网络应用性能分析的目的是准确展示网络带宽、延迟、负载和TCP端口的变化是如何影响用户的响应时间的。利用网络应用性能分析工具，如Application Expert，能够发现应用的瓶颈，从而获知应用在网络上运行时在每个阶段发生的应用行为，可以解决多种问题，如：客户端是否对数据库服务器运行了不必要的请求；当服务器从客户端接收了一个查询，应用服务器是否花费了不可接受的时间联系数据库服务器；在投产前预测应用的响应时间；利用Applieation Expert调整应用在广域网上的性能；Appli Cation Expert能够让测试人员快速、容易地仿真应用性能，根据最终用户在不同网络配置环境下的响应时间，用户可以根据自己的条件决定应用投产的网络环境。

在系统试运行之后，需要及时准确地了解网络上正在发生的事情；什么应用在运行，多少PC正在访问LAN或WAN；哪些应用程序导致系统瓶颈或资源竞争，这时网络应用性能监控以及网络资源管理对系统的正常稳定运行是非常关键的。

（三）在服务器上的性能测试

对于应用在服务器上的性能测试，是针对系统管理员而言的。他们关心的是系统中服务器提供服务时所处的状态、资源是否合理等问题。可采用所有的测试类型进行测试，同时监控服务器的资源利用是否合理。可以采用工具监控，也可以使用系统本身的监控命令，如 Tuxedo 中可以使用 Top 命令监控资源使用情况。实施测试的目的是实现服务器设备、服务器操作系统、数据库系统、应用在服务器上性能的全面监控。

三、性能测试的测试用例

按照性能测试内容的三个方面介绍性能测试的测试用例的设计。

（一）客户端的性能测试用例

1.并发性能测试用例

用户并发测试融合了“独立业务性能测试”和 “组合业务性能测试”两类测试，主要是为了使性能测试按照一定的层次来开展。下面对“独立业务性能测试”和“组合业务性能测试”分别做些介绍。

独立业务是指一些与核心业务模块对应的业务，这些模块通常具有功能比较复杂、使用比较频繁、属于核心业务等特点。这类特殊的、功能比较独立的业务模块始终都是性能测试的重点，可以理解为“单元性能测试”。因此，不但要测试这类模块和性能相关的一些算法，还要测试这类模块对并发用户的响应情况。

通常所有的用户不会只使用一个或几个核心业务模块，一个应用系统的每个功能模块都可能被使用到。所以，性能测试既要模拟多用户的“相同”操作（这里的“相同”指很多用户使用同一功能），又要模拟多用户的“不同”操作（这里的“不同”指很多用户同时对一个或多个模块的不同功能进行操作），对多项业务进行组合性能测试，可以理解为“集成性能测试”。组合业务测试是最接近用户实际使用情况的测试，也是性能测试的核心内容。通常按照用户的实际使用人数比例来模拟各个模板的组合并发情况。

由于组合业务测试是最能反映用户使用情况的测试，因而组合测试往往和服务器（操作系统、Web 服务器、数据库服务器）性能测试结合起来进行。在通过工具模拟用户操作的同时，还通过测试工具的监控功能采集服务器的计数器信息，进而全面分析系统的瓶颈，为改进系统提供了有力的依据。

“单元性能测试”和“集成性能测试”两者紧密相连，由于这两部分内容都是以并发用户测试为主，因此把这两类测试合并起来统称为“用户并发性能测试”。

用户并发性能测试要求选择具有代表性的、关键的业务来设计测试用例，以便更有效地评测系统性能。当编写具体的测试用例设计文档时，一般不会像功能测试那样进行明确的分类，其基本的编写思想是按照系统的体系结构进行编写。很多时候，“独立业务”和“组合业务”是混合在一起进行设计的。单一模块本身就存在“独立业务”和“组合业务”，所以性能测试用例的设计应该面向“模块”，而不是具体的业务。在性能测试用例设计模型中，用户并发测试实际就是关于“独立核心模块并发”和“组合模块并发”的性能测试。

2.疲劳强度与大数据量测试用例

疲劳强度测试属于用户并发测试的延续，因此测试内容仍然是“核心模块用户并发”与 “组合模块用户并发”。在实际工作中，一般通过工具模拟用户的一些核心或典型的业务，然后长时间地运行系统，以检测系统是否稳定。

大数据量测试主要是针对那些对数据库有特殊要求的系统而进行的测试，如电信业务系统的手机短信业务。由于有的用户关机或不在服务区，每秒钟需要有大量的短信息保存，同时在用户联机后还要及时发送，因此对数据库性能有极高的要求，需要进行专门测试。编写本类用例前，应对需求设计文档进行仔细分析，提出测试点。

大数据量测试分为 3 种：

（1）实时大数据量测试

模拟用户工作时的实时大数据量，主要目的是测试用户较多或某些业务产生较大数据量时，系统能否稳定地运行。

（2）极限状态下的测试

主要是测试系统使用一段时间后，即系统累积一定量的数据后，能否正常地运行业务。

（3）前面两种的结合

测试系统已经累积较大数据量时，一些运行时产生较大数据量的模块能否稳定地工作。

（二）网络性能测试用例

网络性能测试的用例设计主要有以下两类：

1.基于硬件的测试

主要通过各种专用软件工具、仪器等来测试整个系统的网络运行环境，一般由专门的系统集成人员来负责。

2.基于应用系统的测试

在实际的软件项目中，主要测试用户数目与网络带宽的关系。通过测试工具准确展示带宽、延迟、负载和端口的变化是如何影响用户响应时间的。例如，可以分别测试不同带宽条件下系统的响应时间。

（三）服务器性能测试用例

服务器性能测试主要有两种类型：

1.高级服务器性能测试

主要指在特定的硬件条件下，由数据库、Web 服务器、操作系统相应领域的专家进行的性能测试。例如，数据库服务器由专门的 DBA 来进行测试和调优。

2.初级服务器性能测试

主要指在业务系统工作或进行前面其他种类性能测试的时候，监控服务器的一些计数器信息。通过这些计数器对服务器进行综合性能分析，找出系统瓶颈，为调优或提高性能提供依据。

四、性能测试的自动化工具和操作方法

（一）性能测试工具介绍

1.主流负载性能测试工具

（1）QA Load

Compuware 公司的 QALoad 是客户/服务器系统、企业资源配置（ERP）和电子商

务应用的自动化负载测试工具。QALoad 是 QACenter 性能版的一部分，它通过可重复的、真实的测试能够彻底地度量应用的可扩展性和性能。QACenter 汇集完整的跨企业的自动测试产品，专为提高软件质量而设计，可以在整个开发生命周期、跨越多种平台、自动执行测试任务。

（2）SilkPerformer

SilkPerformer 是一种在工业领域最高级的企业级负载测试工具。它可以模仿成千上万的用户在多协议和多计算的环境下工作。不管企业电子商务应用的规模大小及其复杂性，通过 SilkPerformer，均可以在部署前预测它的性能。可视的用户界面、实时的性能监控和强大的管理报告可以帮助测试人员迅速地解决问题，例如，加快产品投入市场的时间，通过最小的测试周期保证系统的可靠性，优化性能和确保应用的可扩充性。

（3）Load Runner

Load Runner 是一种较高规模适应性的，自动负载测试工具。

（4）WebRunner

WebRunner 是 RadView 公司推出的一个性能测试和分析工具，它让 Web 应用程序开发者自动执行压力测试；WebRunner 通过模拟真实用户的操作，生成压力负载来测试 Web 的性能，用户创建的是基于 Javascript 的测试脚本，称为议程 Agenda，用户用它来模拟客户的行为，通过执行该脚本来衡量 Web 应用程序在真实环境下的性能。

2.资源监控工具

资源监控作为系统压力测试过程中的一个重要环节，在相关的测试工具中基本上都有很多的集成。只是不同的工具之间，监控的中间件、数据库、主机平台的能力以及方式各有差异。而这些监控工具很大程度上都依赖于被监控平台自身的数据采集能力，目前的绝大多数的监控工具基本上是直接从中间件、数据库以及主机自身提供的性能数据采集接口获取性能指标。

不同的应用平台有自身的监控命令以及控制界面，比如 UNIX 主机用户可以直接使用 topas、vmstat、iostat 等了解系统自身的工作状况。另外，weblogic 以及 websphere 平台都有自身的监控台，在上面可以了解到目前的 JVM 的大小、数据库连接池的使用情况、目前连接的客户端数量以及请求状况等。只是这些监控方式的使用对测试人员有一定的技术储备要求，需要熟练掌握以上监控方式的使用。

第三方的监控工具对一些系统平台的监控进行了集成。比如 Load Runner 对目前常用的一些业务系统平台环境都提供了相应的监控入口，从而可以在并发测试的同时，对业务系统所处的测试环境进行监控，更好地分析测试数据。

但 Load Runner 提供的监控方式还不是很直观，一些更直观的测试工具能在监控的同时提供相关的报警信息，类似的监控产品如 QUEST 公司提供的一整套监控解决方案包括了主机的监控、中间件平台的监控以及数据库平台的监控。QUEST 系列监控产品提供了直观的图形化界面，能让测试人员尽快进入监控的角色。

3.故障定位工具以及调优工具

随着技术的不断发展以及测试需求的不断提升，故障定位工具应运而生，它能更精细地对负载压力测试中暴露的问题进行故障根源分析。在目前的主流测试工具厂商中，都相应地提供了对应的产品支持。尤其是目前.NET 以及 J2EE 架构的流行，测试工具厂商纷纷在这些领域提供了相关的技术产品，比如 Load Runner 模块中添加的诊断以及调优模块，QUEST 公司的 PerformaSure，Compuware 的 Vantage 套件以及 CA 公司收购的 Wily 的 Introscope 工具等，都在更深层次上对业务流的调用进行追踪。这些工具在中间件平台上引入探针技术，能捕获后台业务内部的调用关系，发现问题所在，为应用系统的调优提供直接的参考指南。

在数据库产品的故障定位分析上，Oracle 自身提供了强大的诊断模块，同时 QUEST 公司的数据库产品在数据库设计、开发以及上线运行维护都提供了全套的产品支持。

在众多的性能测试工具中，Load Runner 的使用非常广泛。下面以 Load Runner 为例介绍自动化工具的使用方法。

（二）自动化性能测试工具 Load Runner

1.Load Runner 简介

Mercury Interactive 的 Load Runner 是一种适用于企业级系统以及各种体系架构的自动负载测试工具，通过模拟实际用户的操作行为和实行实时性能监测，帮助测试人员更快地查找和发现问题，预测系统行为并优化系统性能。通过使用 Load Runner，企业能最大限度地缩短测试时间，优化性能和加速应用系统的发布周期。此外，Load Runner 能支持广泛的协议和技术，为一些特殊环境提供特殊的解决方案。

Load Runner 主要功能如下：

（1）创建虚拟用户

Load Runner 可以记录客户端的操作，并以脚本的方式保存，然后建立多个虚拟用户，在一台或几台主机上模拟上百或上千虚拟用户同时操作的情景，同时记录下各种数据，并根据测试结果分析系统瓶颈，输出各种定制压力测试报告。

（2）创立起系统负载

使用 Virtual User Generator，能简便地创立起系统负载。该引擎能生成虚拟用户，以虚拟用户的方式模拟真实用户的业务操作行为。利用虚拟用户，在不同的操作系统的机器上同时运行上万个测试，从而反映出系统真正的负载能力。

（3）创建真实的负载

Load Runner 能够建立持续且循环的负载，既能限定负载又能管理和驱动负载测试方案，而且可以利用日程计划服务来定义用户在什么时候访问系统以产生负载，使测试过程高度自动化。

（4）定位性能问题

Load Runner 内含集成的实时监测器，在负载测试过程的任何时候，都可以观察到应用系统的运行性能，实时显示交易性能数据和其他系统组件的实时性能。

（5）分析结果以精确定位问题所在

测试完毕后，Load Runner 收集、汇总所有的测试数据，提供高级的分析和报告工具，以便迅速查找到问题并追溯缘由。

（6）诊断系统性能问题

Load Runner 完全支持基于 Java 平台应用服务器 Enterprise Java Beans 的负载测试，支持无线应用协议 WAP 和 I-mode，支持 Media Stream 应用，可以记录和重放任何流行的多媒体数据流格式来诊断系统的性能问题，查找缘由，分析数据的质量。

Load Runner 包含下列组件：

①虚拟用户生成器用于捕获最终用户业务流程和创建自动性能测试脚本（也称为虚拟用户脚本）。

②Controller 用于组织、驱动、管理和监控负载测试。

③负载生成器用于通过运行虚拟用户生成负载。

④Analysis 有助于用户查看、分析和比较性能结果。

⑤Launcher 为访问所有 Load Runner 组件的统一界面。

各流程的任务介绍如下：

规划测试：定义性能测试要求，例如，并发用户的数量、典型业务流程和所需响应时间。

创建 Vuser 脚本：将最终用户活动捕获到自动脚本中。

创建方案：使用 Load Runner Controller 设置负载测试环境。

运行方案：通过 Load Runner Controller 驱动、管理负载测试。

监视方案：通过 Load Runner Controller 监控负载测试。

分析测试结果：使用 Load Runner Analysis 创建图和报告并评估性能。

2.Load Runner 操作方法

下面将以一个例子来介绍 Load Runner 的测试过程——即对某火车时刻查询系统的性能进行测试。该系统的典型业务流程是输入出发站、到达站或者输入车次等，查看火车票的具体信息，并且提供订票功能。主要测试服务器的吞吐量，包括每秒 HTTP 响应数、每秒下载页数、平均事务响应时间等。

具体操作步骤为：

①打开 Load Runner，新建场景，打开对话框。在对话框里，可以选择已有脚本，如软件自带的脚本和用户自己已经录制好的脚本。选择“录制”，表示录制一个新的脚本。

②在虚拟用户生成器里选择“新建 Vuser 脚本”。

③设置协议，这里测试的是一个网络系统，因此选择“Web（HTTP/HTML）”。

④录制脚本，LoadRuner 在页面的左侧已经列出了接下来的各个步骤，操作起来非常方便，初学者将很容易掌握整个的测试过程。点击“开始录制”，即可以对录制进行一些设置。

对需要的设置做一些说明：

“应用程序类型”：包括“Internet 应用程序”和“Win32 应用程序”，此处选择“Internet 应用程序”。

“要录制的程序”：如果“应用程序类型”选择“Internet 应用程序”，则要录制的程序选择“Microsoft Internet Explorer”；如果“应用程序类型”选择“Win32 应用程序”，则要录制的程序选择“在本地机器上具体的 Win32 应用程序”。

“URL 地址”：填写欲录制的系统的 URL 地址。

“工作目录”：对目录进行设置。

“录制到操作”：可以点击“新建”，新建操作。

点击“确定”后，将直接跳转到“URL 地址”所设置的页面，并开始录制工作。接下来在该系统上进行的任何操作，都将被录制下来。如进行了一系列的查询和购票过程后，点击“结束”，生成了录制概要，表明已经录制成功。

⑤验证回放：回放是重新播放录制脚本的行为，通过回放可以验证是否正确地模拟了上面的操作。

⑥准备加载并发用户，选择“面向目标的场景”，软件将自动设置虚拟用户数，对于“手动场景”，可以加载 2～3 个用户，因为这只是用来验证有多个用户操作时脚本是否能够正常运行的初步测试。点击“创建控制器场景”。

⑦运行：对生成的场景选择“场景”菜单里的“启动”。

⑧分析结果。单击“结果”菜单里的“分析结果”得到此次测试的结果。同时还得到了“运行 Vuser”“每秒点击次数”“吞吐量”“事务摘要”“平均事务响应时间”的图示。从这些数据中，可以验证该系统是否达到了用户对系统的性能要求。

至此，就完成了 LoadRuner 测试的基本操作过程，如果读者需要深入了解该测试工具，还需要多加练习。

参 考 文 献

[1]刘永山，刘文远，于家新. 计算机（软件）工程导论[M]. 燕山大学出版社， 2020.

[2]段莎莉. 计算机软件开发与应用研究[M]. 长春：吉林人民出版社， 2021.

[3]赵亮. 计算机软件测试技术与管理研究[M]. 北京：中国商业出版社， 2020.

[4]邵曰攀. 计算机软件技术与开发设计研究[M]. 北京：北京工业大学出版社，2018.

[5]邢静宇.计算机软件技术基础[M]. 长春：吉林大学出版社，2014.

[6]徐群叁，刘玮. 大学计算机基础实验指导[M]. 北京：电子工业出版社，2022.

[7]李欣作. 计算机基础知识与实践研究[M]. 北京：中国纺织出版社，2022.

[8]何娟，闫洁，张永昌. 计算机专业任务驱动应用型教材 Python 程序设计[M]. 北京：电子工业出版社，2022.

[9]安莹莹.计算机软件开发与测试[J].计算机产品与流通，2020（2）：16.

[10]吴静.计算机软件测试技术与开发应用研究[J].内江科技，2022（8）：135-136.

[11]周国裕.浅谈计算机软件开发的数据库测试技术[J].网络安全技术与应用，2021（5）：62-63.

[12]曹俊杰，张盈盈.计算机软件开发的数据库测试技术[J].电脑爱好者（普及版）（电子刊），2021（4）：192.

[13]程军安.计算机软件测试技术与开发应用[J].中国宽带，2021（4）：58.

[14]徐礼金.计算机软件开发的数据库测试技术研究[J].无线互联科技，2021（23）：55-56.

[15]曹俊杰，张盈盈.计算机软件开发的数据库测试技术[J].电脑爱好者（普及版）（电子刊），2021（3）：785.

[16]王明珠.计算机软件开发的数据库测试技术研究[J].无线互联科技，2021（20）：102-103.

[17]陈俊.计算机软件测试技术与开发应用研究[J].计算机产品与流通，2021（3）：34-35.

[18]石玉龙.计算机软件测试技术与开发应用[J].电脑乐园，2021（5）：350.

[19]李远英.浅谈计算机软件开发的数据库测试技术[J].卷宗，2021（2）：348.

[20]魏晨辉.计算机软件测试技术与开发应用[J].信息记录材料，2021（7）：208-210.

[21]李阳.浅谈计算机软件开发的数据库测试技术[J].建筑工程技术与设计，2021（24）：2861.

[22]张赟.计算机软件开发的数据库测试技术[J].电子技术与软件工程，2020（17）：150-151.

[23] 申富饶，李戈. 智能化软件新技术专刊前言[J]. 软件学报，2019，30（5）：3.

[24] 王晓琳，曾红卫，林玮玮. 敏捷开发环境中的回归测试优化技术[J]. 计算机学报，2019.

[25] 王运涛，孟德虹，孙岩，等. 超大规模气动弹性数值模拟软件研制（2017）[J]. 空气动力学学报，2018，36（6）：8.

[26] 宫志宏， 董朝阳， 于红，等. 基于机器视觉的冬小麦叶片形态测量软件开发[J]. 中国农业气象，2022，43（11）：10.

[27] 陈锦富，卢炎生，谢晓东. 软件错误注入测试技术研究[J]. 软件学报，2009.

[28] 龚鑫，徐立华，窦亮，赵瑞祥. 金融科技软件自动化测试用例的冗余评价和削减方法[J]. 华东师范大学学报：自然科学版， 2022（4）：43-55.

[29] 姚香娟，田甜，党向盈，等. 智能优化在软件测试中的应用综述[J]. 控制与决策， 2022（002）：037.

[30] 郑炜，唐辉，陈翔，等. 安卓移动应用兼容性测试综述[J]. 计算机研究与发展，2022（006）：059.

[31] 王永泉，杨朝旭，周淳，等. 应用 LabVIEW 软件开发的气体绝缘金属封闭开关设备声振联合检测系统[J]. 西安交通大学学报，2021.

[32] 宋斐. 浅议计算机软件开发技术的应用与发展研究——评《计算机应用基础（第 3 版）》[J]. 机械设计，2020（7）：1.

[33] 吴化尧，邓文俊. 面向微服务软件开发方法研究进展[J]. 计算机研究与发展，2020，57（3）：17.

[34] 胡少华，高沙沙，刘忠超，赵延春，许向阳，赵元宾. 干湿联合冷却塔冷却节

水分析软件开发及应用[J]. 化工进展，2020，39（S02）：7.

[35] 马桂梅，刘杰，杨建成，等. 基于 PACS 的直流/脉冲双模式工作点调节软件开发与验证[J]. 原子核物理评论，2020（4）：6.

[36] 乌尼日其其格，李小平，马世龙等. 高阶类型化软件体系结构建模和验证及案例[J]. 软件学报，2019，30（7）：23.

[37] 刘思琪，张亚东，杨武东，等. 一种列控系统安全关键软件测试用例的实例化方法[J]. 小型微型计算机系统，2019（2）：5.

[38] 刘春龙，王洋，申彪. 多处理器嵌入式软件的全数字仿真测试平台开发技术[J]. 航天控制，2018，36（4）：5.

[39] 宋丛溪，王辛，张文喆. Angr 动态软件测试应用分析与优化[J]. 计算机工程与科学，2018，040（0z1）：163-168.